Return To Coral Reefs

回归珊瑚礁

主编／廖宝林　胡　菲　肖宝华

SPM 南方出版传媒

广东科技出版社｜全国优秀出版社

·广　州·

图书在版编目（CIP）数据

回归珊瑚礁 / 廖宝林，胡菲，肖宝华主编. —广州：广东科技出
版社，2016.7（2019.6重印）

ISBN 978-7-5359-6536-3

Ⅰ.①回…　Ⅱ.①廖…②胡…③肖…　Ⅲ.①珊瑚礁—青少年读物
Ⅳ.①P737.2-49

中国版本图书馆CIP数据核字（2016）第143022号

回归珊瑚礁

责任编辑：罗孝政
装帧设计：创溢文化
责任印制：彭海波
出版发行：广东科技出版社
　　　　　（广州市环市东路水荫路 11 号　邮政编码：510075）
http：//www.gdstp.com.cn
E-mail：gdkjyxb@gdstp.com.cn（营销中心）
E-mail：gdkjzbb@gdstp.com.cn（总编办）
经　　销：广东新华发行集团股份有限公司
印　　刷：广州市岭美彩印有限公司
　　　　　（广州市荔湾区花地大道南海南工商贸易区 A 幢　邮政编码：510385）
规　　格：787mm×1 092mm　1/16　印张 7.75　字数 155 千
版　　次：2016 年 7 月第 1 版
　　　　　2019 年 6 月第 2 次印刷
定　　价：38.00 元

如发现因印装质量问题影响阅读，请与承印厂联系调换。

《回归珊瑚礁》编委会

主　编：廖宝林（广东徐闻珊瑚礁国家级自然保护区管理局）

　　　　胡　菲（中国红树林保育联盟）

　　　　肖宝华（广东海洋大学）

编　委：刘　毅（中国红树林保育联盟）

　　　　黄　菁（中国红树林保育联盟）

　　　　张云龙（中国红树林保育联盟）

　　　　蒋良柏（广东徐闻珊瑚礁国家级自然保护区管理局）

　　　　邓建洪（广东徐闻珊瑚礁国家级自然保护区管理局）

　　　　石礼斌（广东徐闻珊瑚礁国家级自然保护区管理局）

　　　　吴　奉（广东徐闻珊瑚礁国家级自然保护区管理局）

　　　　林明伟（广东徐闻珊瑚礁国家级自然保护区管理局）

　　　　吴晓云（广东徐闻珊瑚礁国家级自然保护区管理局）

　　　　沈　城（广东徐闻珊瑚礁国家级自然保护区管理局）

　　　　彭　勃（广东省海洋与渔业局）

支持项目：广东省省级科技计划项目"徐闻珊瑚礁自然保护区青少年科普
　　　　　互动教材的编写与环境教育实施"，项目编号：2013B070601011

序一
Preface 1

　　现代珊瑚礁主要集中分布在印度—太平洋和加勒比海区域，并以印度—太平洋区域为主。我国珊瑚礁资源主要分布于华南沿岸、台湾岛、海南岛的沿岸及南海诸岛，其中广东省沿岸分布较多，如雷州半岛西海岸、大鹏湾、大亚湾海域。

　　珊瑚礁有令人吃惊的生物多样性，全世界的海洋生物中有四分之一生活在珊瑚礁。在珊瑚礁架设的复杂三维结构环境中，生物极其丰富，各个门类的生物都有它的代表，共同组成生物多样性极高的顶极群落，故有"海洋绿洲"或"海洋热带雨林"的称号。珊瑚礁是鱼、虾、蟹、贝的家园，为海洋生物提供了天然的保护屏障，同时它在海洋生物资源增殖、海洋环境保护、海洋减灾和降低大气温室效应等方面发挥着重要的作用。

　　但近年来，随着沿岸经济的迅速发展，周边人口、企业的增加及水产养殖业的发展，近岸珊瑚礁区生态环境恶化日益严重；而且，长期以来由于人们对珊瑚的生物特性和生态价值认识不足，公众的保护意识淡薄，各种自然的和人为的原因，使珊瑚礁面临着严重的生态危机，许多珊瑚礁生态系统严重退化，从而影响了珊瑚礁生态系统的服务功能。

　　近十年，我们连续在徐闻珊瑚礁国家级自然保护区调查与监测，发现徐闻珊瑚礁自然保护区内珊瑚礁逐渐衰退，生态状况令人担忧，保护区沿岸传统渔业行为较多，渔民保护意识薄弱，因此，急需进行珊瑚礁知识科普及环境保护教育。本书通过开展青少年科技教育，将珊瑚礁科普教育列入保护区周边中小学校环境教育教材，从长远来说，有利于从根本上提高保护区周边社区群众对珊瑚礁的认识与保护意识，促进徐闻珊瑚礁的永续发展。

黄　晖　研究员

中国科学院南海海洋研究所

2016 年 3 月

序二
Preface 2

珊瑚离我很近！

童年，我的生活里就有珊瑚。母亲有一段时间在南日岛工作，除了海鲜，休假时也会带回一些海岛上的纪念物，比如漂亮的大贝壳和柳珊瑚。大贝壳通常放在窗台上或花盆里，而花枝招展的柳珊瑚（尸体）则会被挂在墙上，连同那时的机械钟和兰兰蛋白香波，成为儿时的记忆。后来，图书、电视和互联网让我对珊瑚礁生态系统有了更深入的认识，亦有机会在水族馆甚至大商场的水族缸里看到五彩缤纷的珊瑚，在海滩上捡到被海浪冲上岸的珊瑚碎屑。但我时常梦想自己有一天能像海里的鱼儿那般自由畅快地在珊瑚礁间漫步，无奈还没时间考潜水证，只能偶尔浮潜解解馋。

珊瑚离我们很远！

2016 年元旦的最后一天，看到微信朋友圈里正在刷屏《……，南海这一年发生了什么》，五味杂陈，无从评述；就在上个月，BBC 刚刚曝光了某地渔民在南沙破坏珊瑚礁的新闻，触目惊心！但事实上，在某亚和某门，你很容易就能找到砗磲加工的饰品、红珊瑚、珊瑚摆件，甚至玳瑁标本。虽然红珊瑚、砗磲和玳瑁都是保育类，但人类对它们的追逐和消费，已经让中国沿海的珊瑚礁岌岌可危。对东海红珊瑚的采集是毁灭性的！盗采者靠巨石将渔网沉入海底，并利用拖网渔船一路扫荡，在采集少数红珊瑚的同时，也将拖网所经之地的珊瑚礁毁灭殆尽。这些似乎都发生在遥远的外海或者更南方的某个城市。

珊瑚与所有人关系密切！

过去的十多年，我和伙伴们创立的中国红树林保育联盟（CMCN）一直围绕红树林开展研究、保育和教育工作，从未改变。但为何又跨入珊瑚礁的议题？事实上，珊瑚礁与红树林都是最富生产力的海洋生态系统之一。珊瑚礁、红树林和沿岸礁石是自然界抵御海啸和风暴潮的三道天然屏障。更重要的是，珊瑚礁、海草床和红树林等滨海湿地生态系统都是紧密相连的，它们之间有扯不清的物质和能量的交换及循环·我们吃的许多经济海产几乎都不可避免地在一生中的某个阶段会出现在红树林或珊瑚礁里，甚至是爬来爬去，或游来游去。我们无法将一个滨海湿地生态系统孤立讨论，特别是涉及保育的层面。因此，早在 2009 年 CMCN 开发第二套乡土教材《飞吧，小黑皮》时，已经以黑脸琵鹭的迁徙路线带出了各种类型的滨海湿地，及其面临的问题，事实上，各相邻滨海湿地生态系统都是相互影响的，面临的问题类似，保育的手法也是相同的。要做好红树林的保育，决不能撇开珊瑚礁的问题。

于是，在徐闻珊瑚礁国家级自然保护区管理局的邀约下，我们的第四套乡土教材尝试通俗却系统地聊一聊珊瑚礁。与前三套的定位相同，《回归珊瑚礁》仍以童话的风格来撰写故事，带出一系列的知识点，并辅以课后的延伸阅读、思考和团队游戏，将小学低年级的儿童作为主要的受众对象，给其所需，培训老师，深入课程，让孩子们能在看童话和玩游戏的过程中系统认识家乡的生态环境、重要性及其面临的问题，进而身体力行开展相关的保育活动。

滨海湿地乡土教材，如同借助海水传播的一粒种子，又像《回归珊瑚礁》里的主角马蹄螺，为孩子们带去知识和希望，即便是遇到困难也从未气馁。

刘　毅

中国红树林保育联盟

2016 年 4 月

海洋是生命的摇篮，珊瑚礁是海洋中生物多样性最高生态系统，它孕育了四分之一的海洋生物。海洋生态文明建设最根本的是要提高人类的海洋意识，只有这样才能"人海和谐"，实现我们的海洋梦。

广东徐闻珊瑚礁国家级自然保护区位于广东省雷州半岛的西南部，总面积 14 378.5 公顷。保护区于 2007 年 4 月经国务院批准建立。徐闻珊瑚礁是我国大陆沿岸连片面积最大、种类最密集的珊瑚岸礁，目前已发现珊瑚种类共 82 种，其中 54 种造礁石珊瑚全部为国家 II 级保护动物，并列入 CITES 公约《濒危野生动植物种国际贸易公约》附录 II。

虽然珊瑚礁在自然界的生存竞争中，能不断调节其自身的适应能力，在长期的环境变化中，立于不败之地，但在最近短短的几十年中，由于近岸捕捞、养殖等作业，保护区活珊瑚覆盖率逐年下降，保护北部湾珊瑚礁资源已迫在眉睫。自保护区成立以来，我们除了加大执法管理力度外，最根本的是从提高保护区周边社区群众的保护意识上做了大量工作，特别是加强了青少年的科普教育，2011 年成立了广东省青少年科技教育基地，开展一系列的科普活动，提高保护区周边社区青少年的海洋环保意识。

青少年是祖国的花朵，是未来实现海洋梦的主导者与继承者，编著本书的主要目的是围绕建设海洋生态文明示范区，提高青少年对珊瑚礁的认识与认知，树立沿岸居民的保护与忧患意识，并使之自觉参与到保护珊瑚礁的行动中来。

廖宝林　工程师

广东徐闻珊瑚礁国家级自然保护区管理局

2015 年 12 月

目录
Contents

角色介绍

你好，我是斑马蹄螺，可以直接叫我马蹄螺，标准的圆锥形，身高5厘米，体重保密。我的家乡在广东以南和台湾沿海，印度—西太平洋海区也是我们家族的聚集地。只要来到珊瑚礁质海底，或是低潮线至浅海岩石，很容易遇见我们，带有美丽紫色波纹的就是我们啦！

嗨，很高兴认识你，我叫四足陆寄居蟹，还是用小名寄居蟹吧，不过别忘了我是生活在陆地上的寄居蟹。我们一直借住在空的螺壳或蜗牛壳里，而且喜欢白天睡觉晚上吃饭，所以一般人看不到我的长相。当然，西太平洋和印度洋沿岸的很多地方都是我们的活动区域，在稍微靠近内陆的树林地区，就有机会碰到我们了。

第一章　我们都爱洋流

波浪以舒缓的节奏起起伏伏，炽烈的阳光被摇晃成一缕缕亮白色的斑纹，从水面飘落下来，覆盖在所有物体的表面，交织荡漾着。

海底某处的洞口，一大团泥沙被慢慢地往外清理，接着出现了一只粗壮的大螯，还有尖尖的脑袋。然而，这位鼓虾才刚爬出来一半，脑门上就被猛地扫了一尾巴，瞬间沙飞泥散，弄得他头晕目眩。原本静静趴在洞口修炼隐身术的虾虎鱼，敏捷地飞弹转身落地，然后推着被自己打懵了的鼓虾，一前一后迅速钻回了洞里。眨眼工夫，周围各家的洞口全被堵得严严实实，四处也空空荡荡了，只剩下一丛丛猩红的柳珊瑚，在墨绿色海藻的陪伴下继续轻歌曼舞。

不远处，有一株被大伙儿称为海底柏树的软珊瑚，就在他那金黄色的高大身躯上方，一条披着褐、红、白三彩条纹袍的大鱼，撑着全身粗壮的鳍刺，正八面威风地游了过来。没错，这就是让所有小鱼小虾都退避三舍的狮子鱼。

不紧不慢的，狮子鱼径直来到了最大的那座角孔珊瑚面前，珊瑚虫们立即伸出了棕色的触手，一边热闹地跟老朋友打招呼，一边忙着从狮子鱼的每根鳍刺上取出信件。在与珊瑚虫族长交谈了几句之后，狮子鱼便离去了。

　　"诸位，罕见的强大洋流马上就要登场啦！"一只珊瑚虫大声宣布道。"噢耶！……超爱洋流！……快点撑死我吧，哈哈！……"顿时，欢呼声此起彼伏，从珊瑚礁到石块，从土坡到沙地，每一个洞口都挤满了各种形状的脑袋，每一条缝隙都伸出了各种颜色的触手。

　　很快，周围的海水似乎都被一股越来越强大的力量紧紧拽住，朝着某个统一的方向加速涌动，由此而带来的无数浮游生物，也让整个世界变得愈加昏暗了。谁都喜欢清澈的海水，但浮游生物群就是天赐的美食啊！能被食物包围，而且还是直接送到嘴边，这样偶尔出现的幸福洋流，就算浑浊也必定会大受欢迎。

　　在湍急的洋流中，几种角孔珊瑚高举长长的触手，潇

洒地来回挥舞着，透露出一副嘴大吃四方的姿态。而扁脑珊瑚、蜂巢珊瑚、菊花珊瑚、蔷薇珊瑚、鹿角珊瑚这些的，不论赤橙黄绿青蓝紫，统统都是小短手，也只好更加卖力地提高挥舞速度了。如此看来，吃饭也是个力气活，珊瑚虫们全都锻炼成了边吃大餐边做韵律操的运动高手呀。

　　其他动物呢？当然没有一个闲着的，不仅要吃得好吃得多，还得稳定身子保持平衡。蛏和蛤敞开了壳，鱼和鳗张着大嘴，虾和蟹手舞足蹈……大家全在狼吞虎咽，顾不得说上半句话，四下一片安静，直到冒出了一串极其响亮的饱嗝……所有眼睛都齐刷刷地看向了角落边的一小簇团扇藻，几朵气泡正从那儿悠悠升起，一只马蹄螺窘迫地缩进壳里，慌乱中却把半截脚给卡在了门外。

阅读

在地球的漫长岁月里，距今大约 300 万年前人类开始出现，而早在将近 5 亿年前，珊瑚就已经生活于浩瀚的大海之中。它们是一种非常古老且原始的动物，属于腔肠动物门珊瑚虫纲。

通常所说的珊瑚，其实是由许多小巧可爱的珊瑚虫构成。每一只珊瑚虫都与周围的小伙伴们手拉手心连心，过着亲密的群体生活。这样的话就跟其他动物很不一样了，绝大部分珊瑚都无法自由行走，为了不被海水冲走，它们会稳固地附着在海底岩石上。

有些珊瑚没有骨骼，摸起来软软的，离世之后便融入海水销声匿迹了，因此被叫做软珊瑚，包括各种柳珊瑚、海底柏，以及名称中直接含有"软珊瑚"字样的所有珊瑚。

而另一类珊瑚摸起来像石头一样坚硬，自然就统称为石珊瑚了。石珊瑚的骨骼环绕在每只珊瑚虫的身体之外，并且全都紧紧地粘在一起，即使生命结束了也能保留在原处。

软珊瑚——细指软珊瑚 *Sinularia exillis* 摄影/廖宝林

随着不断繁衍更替，世世代代的珊瑚虫骨骼逐渐组合为体积庞大的珊瑚，再经过长年累月的沉积和固化，最终形成了珊瑚礁。因此，石珊瑚的另一个名字就是造礁珊瑚。

　　珊瑚礁可不单单是珊瑚虫的集体宿舍，许多动物的饮食起居和传宗接代，都离不开

石珊瑚——单独鹿角珊瑚 *Acropora solitaryensis*　图片来源／广东珊瑚礁普查

珊瑚礁所营造的生态环境。作为海洋中最丰富多彩的大家园，生活在珊瑚礁区域的生物高达 4 万种以上，其中包括了近四分之一的海洋鱼类。因此，生物多样性也让珊瑚礁成了地球上极其重要的生态系统。

思考

1. 你见过活着的珊瑚吗？是在什么地方看到的？如果有一块珊瑚浮现在你的脑海中，你觉得它会是什么颜色、什么形状呢？

2. 在珊瑚礁里生活着一对很好玩的搭档，分别是视力超级差的鼓虾，以及伪装术一流的虾虎鱼。鼓虾负责专心致志地开挖并维修藏身洞，虾虎鱼则聚精会神地守在一旁站岗放哨。请问，它们为什么要合作呢？倘若危险出现了，它们是怎样合作来保证安全的？

第二章　小小游侠梦

也不知过了多久，马蹄螺估摸着大家都在尽情地吃喝玩乐，那个让他尴尬不已的饱嗝，应该早就被遗忘了吧。在这样盛大的洋流庆典中，独自待在屋内着实闷得难受。

刚探出触角，马蹄螺就被跳跃的光斑晃花了眼，抬头一看，上方有一大群鱼正以越来越快的速度绕着太阳不停旋转。鱼群的动作极其一致，每一条鱼都闪烁着耀眼的银白色，如此酷炫的集体舞表演可不是平日里就能见到的呀。一会儿，仿佛乐章终结，鱼群停止了转圈，谢幕离去。作为舞台聚光灯的太阳，也即将被一大片乌云挡住。

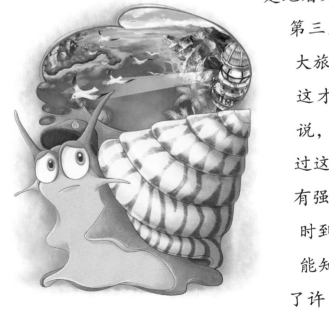

不对，不是乌云！马蹄螺拉长身子，清楚地看见了一只魔鬼鱼！还有第二只，第三只……那是浩浩荡荡的魔鬼鱼大旅团！尽管早有耳闻，但马蹄螺这才第一次亲眼见到魔鬼鱼。据说，魔鬼鱼旅团已经有好几年没来过这里了。先辈们也常讲起，只要有强大的洋流出现，魔鬼鱼就会及时到访，他们是大海里的游侠，总能知晓食物最丰富的地点，也掌握了许多最新的资讯。可是大家都没

有告诉马蹄螺，魔鬼鱼扇动胸鳍，翩翩游弋的样子
是多么优雅，仿佛天空中自由翱翔的飞鸟。

呆呆地仰望着，马蹄螺陷入了美丽的幻想。
要是有一天，自己也能如此轻盈地遨游在这片
蔚蓝之中，一定要到左边那座山的后面逛逛，
还有洋流的源头，还有海天相连之处，还
有……"对啦！我要去环游世界！"马蹄螺
忽然激动得一嗓子喊出了声。

"哈哈哈！世界那么大，你想去流浪？"
一个细小的声音飘了过来，马蹄螺赶紧收起满
脸的痴迷，就在眼前的团扇藻里，一只节蝾螺
正缓缓挪动着身子。

"我也还没考虑好，"马蹄螺不好意思地笑了笑，
一边随意轻摆着触角一边回答说，"就是突然很想出去看看，
总觉得应该经历些什么或是做点什么才好。"

"咳！就凭咱们这种小短腿，你还指望能游去海角爬到天边？"
节蝾螺坐在叶片上摇晃着说，"要走出这片珊瑚礁，还不定得几个日
出日落哩！再说了，咱家乡这么美，全世界哪儿也比不上，我就希望
永远都不要离开这里。"

马蹄螺瞅了瞅自己那只胖胖短短的腹足，又抬眼看向周围，渐渐
有些迷茫了。洋流已经减弱，魔鬼鱼也离开了，仿佛他们从未来过一
样。湛蓝清透的海水中，鱼儿悠闲起舞，珊瑚轻柔回应，大家都在进

行着饱餐后的聊天和散步，珊瑚礁又回到了往日的温馨时光。

暮色降临，大家互道晚安，陆陆续续回家休息了。马蹄螺还沉浸在自己的游侠梦里，兴奋得睡意全无，呆坐了一阵子之后，索性朝着最高的一块岩石爬去。他想赶在日出时分抵达至高点，好好欣赏一番家乡的美景，也让满脑子混乱的思路理出点头绪来。

夜已过半，马蹄螺继续一步一步往前挪着，路过最大的那块角孔珊瑚时，听到了窸窸窣窣的说话声，珊瑚虫们似乎正在议论着什么。

珊瑚礁生态系统　　摄影/李然

 **阅 读**

>>> 洋流美食节

　　广阔的大海中，除了涨潮落潮以外，海水还会受到海面风力，以及密度差异等因素的综合影响，大规模地沿着一定的方向流动，这就出现了洋流。

　　洋流通常比较稳定，也有常规的路线，但是在不同季节或是其他外力的作用下，洋流的规模有时会发生变化。许多海域的洋流并非时时刻刻都存在，但是却会偶尔出现不同寻常的超大洋流。

　　洋流通过的地方，会将海水搅动，翻出下层的营养盐类，而大量的浮游生物在强力驱使下也只得随之漂流。浮游生物是海洋生态系统中极为重要且普遍的食物，对于固定在某处海域生活的动物来说，洋流简直就是美食快递。而行动迅速的动物，例如某些鱼类，则会追着大洋流的步伐不停迁徙，以便一直保有充足的食物。

　　既然洋流将许多海洋生物都聚集到了一起，那么捕猎型的动物也绝对不会缺席。因此，无论属于哪种食性偏好什么口味，对于海洋生物来说，洋流就是狂欢美食节。

游 戏

>>> 默契环形椅

人数	15~20 人 / 组，可多组。
地点	宽敞的空地，室内或室外均可。
目的	由老师讲解而得知，地球上的每个生态系统，包括珊瑚礁生态系统，都会形成一圈完整的能量循环。这其中的每种生物都拥有不可或缺的位置，既依赖于其他物种而存活，又会给其他物种带来决定性的影响。同时，培养学生的团队协作能力。
内容	让每组同学依次按照前胸面对后背的顺序，侧身围成一个圈，两人之间的距离约 20 厘米。老师发号口令，让所有同学同时往下坐，每位同学都坐在身后同学的腿上。问问看，大家坐得是否牢固，是否舒适。如果让每个人都朝环形椅的正中伸出一只手，能否碰到所有人的手呢？最后，老师引导大家讨论，并总结经验，尝试更加默契的配合。

第三章　未知的恐惧

"难道是恶灵？"静谧的空气突然被一只珊瑚虫颤抖的喊声打破，紧接着，所有珊瑚虫都惊恐万分，尖叫着缩回瑟瑟发抖的身子。其他动物们也被惊醒了，迷糊中不知道发生了什么，全都跑了出来，然后又慌不择路地乱作一团。

"诸位，诸位！不要害怕，请容我来说明情况。"听到是珊瑚虫族长的声音，大家很快就平息了躁动。有洞的躲在洞口，有壳的只打开一条小缝，没地方藏的也紧紧抱成了团，个个都屏气凝神地望着珊瑚虫族长。

"抱歉打搅了大家的好梦。目前我们很安全，请诸位放心！"珊瑚虫族长洪亮且镇定的话语，让所有动物都大舒了一口气，借着月光，大家陆续靠向了角孔珊瑚的周围。

"昨天我们收到了狮子鱼先生帮忙送来的信件，有好几个地方的族亲在信上说，他们正经历着恐怖的威胁，许多珊瑚莫名消失了，一些居民也忽然失踪，甚至还有整片的珊瑚礁完全失去了联系……信里都在提醒我们要严加戒备。"虽然在尽量地克制自己，珊瑚虫族长的声音里还是夹带着悲伤和忧虑，大伙儿也在伤感和害怕中围得更靠拢了。此刻的珊瑚礁，仿佛一切都停止了运转，只有之前扬起的泥沙缓缓地降落到海底。

"族长，那个恶灵是什么？"短桨蟹

的提问穿透了这片沉默，他站在一块蜂巢珊瑚上，高举着一对钢铁般强健的大螯，斗志昂扬，时刻准备着要与谁一决胜负。

"棘冠海星，珊瑚的终极杀手。"族长冷静地说出这句话时，珊瑚虫们都忍不住直打哆嗦。族长叹了口气，接着说："但是，那些珊瑚礁所发生的惨剧，还有今后很可能会降临到我们身上的灾难，都已经是在终极之上了。"

为了不引起恐慌，族长语气平缓而又严肃地解释道："亲爱的珊瑚礁居民们，这并非是危言耸听，你们也有权利知道一切。狮子鱼先生在将信件送达时，告诉了我一些跟信上所述相似的情况，而且他的同伴正在急剧减少，为了生存他不得不迁离这片海域，并提请辞退了他们家族延续多年的信使工作。还有魔鬼鱼旅团，非常严肃地给了我很多告诫。然而，没有谁知道这些恐怖事件的原因，这才是最艰难的地方。"

面对如此沉重的问题，谁都难以接受，也根本就无法做出任何反应。月亮离开了，大家呆立原地，整片珊瑚礁陷入了死气沉沉的黑暗。

"哎哟！"由于太靠近角孔珊瑚了，一只海兔被躲在礁底的刺冠海胆给扎了一下，这声尖叫把大伙儿拉回了现实。四周仍是漆黑一片，大家不约而同地稍稍散开了些，顺便活动活动僵硬的身子骨，也纷纷绞尽脑汁商量对策。

"能请到什么大神拯救我们吗？"光石蛏从滨珊瑚的孔穴中探出半截身子，一脸不安地冲着大伙儿问道。立刻，所有动物都停止了讨论，求助的眼神全部投向珊瑚虫族长，这位德高望重，拥有着整片珊瑚礁的智慧和信任的大家长。

📖 阅读　　　　　　　　　　　　>>> 珊瑚虫吃什么

作为一种动物，珊瑚虫生长所需的营养来源实在有些奇怪。

从表面上看，珊瑚虫们相当正常，符合大部分动物的特性，它们会伸出许多触手随着海水不停摇摆，用以捕捉浮游生物塞进嘴里。当然了，作为标准的腔肠动物，珊瑚虫的身体就是一个大胃腔，而且只有一端开口，因此，那些消化不了的废物也只能用嘴巴喷出来。

想想看，绝大部分珊瑚虫住的可都是集体宿舍呀，随便往哪儿喷，废物都会落到小伙伴的身上。好在大家彼此也不计较，每一块珊瑚上的珊瑚虫都是骨肉相连的，无论谁吃到了美食，肯定会将营养与周边的小伙伴一起分享。

然而，对于能够造礁的石珊瑚来说，那些非常大众化且营养丰富的浮游生物，竟然不是它们的主食，顶多也只能算是可口零食了。石珊瑚的营养，只有少部分是来自于浮游生物，大多数都得靠珊瑚虫体内的共生藻提供。

二异角孔珊瑚 *Goniopora duofaciata*　图片来源／广东徐闻珊瑚礁国家级自然保护区管理局

罗图马蜂巢珊瑚 *Favia rotumana*

通过光合作用，共生藻可以合成有机物，以此来滋养自己的寄主珊瑚虫。换言之，石珊瑚们基本上是靠着住在体内的共生藻养活的，偶尔也会伸伸手，逮一点送到嘴边的浮游生物来解解馋。不过软珊瑚刚好跟石珊瑚相反，它们的主要食物来源就是海洋中的浮游生物。

此外，共生藻不仅能为寄主珊瑚提供营养，还可以在很大程度上影响它们的外观。珊瑚所呈现出来的那些绚丽多彩的颜色，正是共生藻和珊瑚虫各自的颜色加以融合而形成的。

思考

1. 你知道螺有几只脚吗？是什么样子的？为什么螺走路的速度会超级慢？

2. 棘冠海星的主食是珊瑚虫，食量又大得惊人，它们总是成群出现，几天内就能将一大片珊瑚礁吃得面目全非，因此被称为"恶灵杀手"。刺冠海胆的名字和棘冠海星相似，还都属于棘皮动物，也算是远亲了。不过刺冠海胆的主要食物为海藻，并且非常依赖于珊瑚礁的保护。你见过海星和海胆吗？知道它们的嘴巴分别是长在身体的什么部位吗？

第四章　毛遂自荐

　　"真的非常对不起，要让大家承受一种未知的浩劫，直到现在，我依然束手无策。"珊瑚虫族长惭愧而又诚恳地说，"如果有防御的策略，或是能够战胜灾难的高招，即使收效甚微，族亲们都一定会在信件里明确告知的，然而此事就连祖辈的传承之中也毫无线索。"

　　绝望，在珊瑚礁里一丝丝地蔓延开来，许多居民默默地流着泪，似乎不知道天什么时候才能亮，也不知道天亮之后的日子又该怎么度过。

　　珊瑚虫族长挺了挺身板，他不希望大家消极地对待一切，更不能在灾难降临之前就主动认输了。"如果我们足够幸运，或许能躲过这场噩梦，然而，生活不是听天由命，也不是坐以待毙。"族长坚定地说，"眼下，大家都无能为力，我们与外界的联络也基本中断了，可是无论如何都不能放弃努力呀！据史书记载，在这块大陆上有一片最为古老的珊瑚礁，世代都繁荣安康，或许他们能提供一些重要的经验。"

　　仿佛瞬间的复活，所有动物都看到了一缕希望的曙光，争相问道："在哪儿？他们在哪儿？赶紧去请教他们吧！"

　　"尽南之地。"珊瑚虫族长略带顾虑地说，"不过，据说那儿非常非常遥远，不知道他们现在是怎样的状况，而且我们也没有合适的信使了。"

　　大家立刻又展开了新一轮的讨论，商量了好多个来回也难以确定信使的人选。小动物们基本就不考虑了，论速度鱼类比较合适，可是正值繁殖期，有些马上就要产卵了，有些小宝宝才刚孵化，实在无法外出。

　　"让我去吧！"响亮的声音将所有目光都带到了最高的那块岩石上，马蹄螺爬过最后几步，站上了至高点，喘着气大声说道，"我想当信使！我会尽量用最快的速度抵达尽南之地。我希望能为大家做点什么！"这是在那个同样响亮的饱嗝之后，马蹄螺平生第二次立于众目睽睽之下。

　　珊瑚礁的居民们着实惊讶了一番，向来含蓄低调而且以慢著称的小小马蹄螺，竟然拥有这么大的勇气，转而，全场响起了经久不息的热烈掌声。太阳出来了，照在马蹄螺的身上，他微笑地望着这片美丽的珊瑚礁和这群可爱的朋友们。

　　有好几分钟，马蹄螺的大脑彻底空白了。尽管他已经做好充分的思想准备，但在申请担任信使之后，还是被自己的举动镇住，这个决定来得太过突然也太过疯狂了。

　　"年轻人，你真的考虑清楚了吗？"珊瑚虫族长不免担忧地看着马蹄螺说，"前往尽南之地，不仅路途遥远奔波辛苦，还有无数未知未卜的挑战，这是一趟非同寻常的冒险啊！"

　　马蹄螺做了一个大大的深呼吸，认真坚定地回答道："族长，我都仔细考虑好了，请放心吧！我的小房子已经足够坚固了，既安全又舒适。而且，之前我就希望能去看看外面的世界，也做好了相应的准备，现在随时都可以出发。请大家相信我，一定会竭尽全力早日完成任务的！"

📖 阅读 　　　　　　　>>> 珊瑚礁的全球分布

在这颗蔚蓝色的星球上，珊瑚依赖海水而生，然而并非所有海域都是理想的居住地。尤其是能够造礁的石珊瑚，别看珊瑚虫个头微小，生活空间也相当狭窄，但它们对于居家环境的审核可谓极其挑剔。海水的温度、深度、盐度、水流速度，还有营养成分及含量等，在这些参考要素的综合测评方面，石珊瑚有着近乎苛刻的选择标准。

因此，珊瑚礁在全球的分布状况是非常有规律的。它们主要位于南北纬 25 度之间的干净浅海区域，并且以赤道为中心，随纬度的递增而逐渐减少。从生物地理区系来看，可将它们归纳为印度—太平洋区系、大西洋—加勒比海区系这两大聚集地。前者的造礁珊瑚大约有 700 种，而后者则只有 60 种左右。

在我国，珊瑚礁主要分布在西沙和南沙、海南、华南沿岸这几处。中国珊瑚礁面积的初步统计为 38 405 千米^2，大概占世界珊瑚礁总面积的 13.48%。

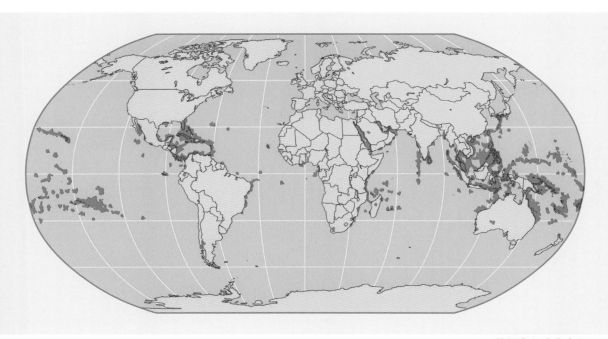

珊瑚礁全球分布图

☀ 游戏 >>> 珊瑚蹲

人数	约 10 人 / 组，可多组。
地点	宽敞的空地，室内或室外均可。
目的	了解珊瑚礁内的代表性物种，认识珊瑚礁生态系统的多样性。
内容	分组后围圈站立，组内的每位同学选择一个珊瑚礁物种作为自己的代称，并且不得与组内其他同学的代称重复。每位同学确定好自己的代称，并且清楚小组内其他同学的代称之后，便可选择一位同学开始游戏。 游戏中，一位同学喊三遍自己的代称，最后一遍随机加入组内其他某一成员的代称，边喊边做举双手下蹲的动作。喊完之后由被喊到的那位同学接力进行，反应不及时或喊错代称，以及动作不到位者都算输家。举例说明，从代称为珊瑚的同学开始喊："珊瑚蹲，珊瑚蹲，珊瑚蹲完马蹄螺蹲。"每喊一个"蹲"字都高举双手下蹲一次。然后代称为马蹄螺的同学必须立即接着喊。 在选择代称时，老师可结合课文内容给予适当的提醒，用某类物种的统称也行，不必强求具体的学名。（参考珊瑚礁物种：珊瑚、海藻、海葵、海星、海胆、海参、海龟、海马、海兔、章鱼、贝壳、鼓虾、虾虎鱼、马蹄螺、魔鬼鱼、狮子鱼、节蝶螺、短桨蟹。）

第五章　难舍家乡情

望着主动请缨的马蹄螺，族长赞许地点了点头，吩咐珊瑚虫们开始整理资料，根据历史记录以及多年通信的累积来绘制地图。

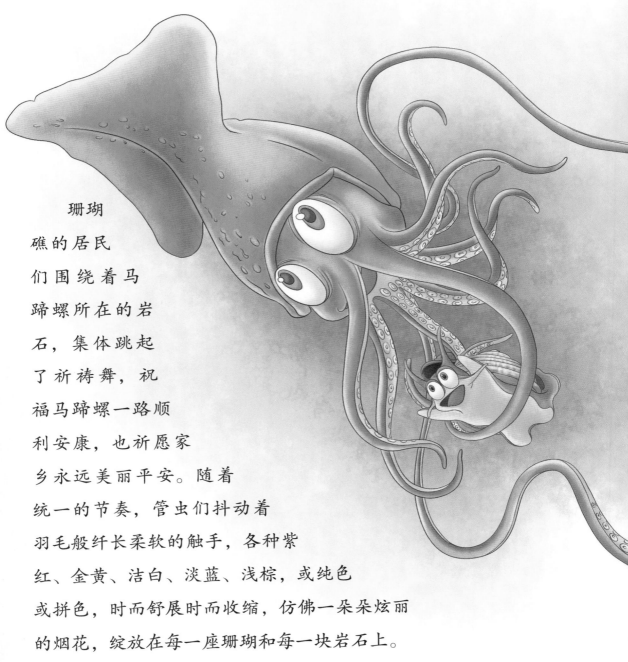

珊瑚礁的居民们围绕着马蹄螺所在的岩石，集体跳起了祈祷舞，祝福马蹄螺一路顺利安康，也祈愿家乡永远美丽平安。随着统一的节奏，管虫们抖动着羽毛般纤长柔软的触手，各种紫红、金黄、洁白、淡蓝、浅棕，或纯色或拼色，时而舒展时而收缩，仿佛一朵朵炫丽的烟花，绽放在每一座珊瑚和每一块岩石上。

几只清洁虾在马蹄螺身旁忙碌着，穿着红白条纹制服的他们，正一丝不苟地对螺壳进行最后清理，要让马蹄螺以最整洁端庄的仪表、最容光焕发的姿态踏上征途。望着如此隆重的送行仪式，马蹄螺激动得不停抹着眼泪，不断提醒自己绝不辜负大家的厚望。

片刻之后，一条刺蛇尾高举着近半米长的腕足，将制作好的地图捧到了马蹄螺的面前。马蹄螺道谢后立刻将地图描绘在自己的壳内，每画一笔就在心里默念一遍加油，他非常清楚地知道，这张地图承载了大家的全部希望，也是他能返回家乡的唯一保证。

"亲爱的孩子，"珊瑚虫族长语重心长地对马蹄螺说，"很抱歉我们的能力有限，这张地图的详细程度和准确性都远远不够，无论走到哪里，你务必要多观察多打听。记住了，永远把安全放在第一位。"

太阳已经升到头顶了，必须尽快出发。面对着珊瑚礁的所有居民，马蹄螺深深地鞠了一躬，正式向家乡和朋友们道别，也无比感激大家的鼓励和支持。然而刚走了几步，马蹄螺不免尴尬起来，按照他的前进速度，大家岂不是得目送到天黑？就在马蹄螺东张西望却又不敢回头的时候，一个高大的身影闪现在他面前，令所有动物都捏了一把冷汗。

"别怕！我饱着呢！"枪乌贼迅速做出说明，以免大家又陷入了恐慌，"这里算是我半个家乡吧。别磨蹭了，送你一程，天黑后我就要赶回来产卵了。"说完，枪乌贼伸出两条粗壮的手腕，用吸盘牢牢抓住马蹄螺，瞬间便如同离弦之箭一般冲了出去。

还没反应过来究竟怎么回事，马蹄螺已经离家乡很远了，枪乌贼的速度是他从未体验过的。周围的景物不断往后嗖嗖飞去，马蹄螺唯一看清楚了的，就是在路过那棵高大的金黄色海底柏树时，他回头望了望，一起生活一起玩耍的伙伴们，还在不停地朝他挥着手。短短两天的时间，在勇敢做出决定之后，大家所展现的浓烈热情，还有自己内心的激荡澎湃，也是马蹄螺从未感受过的。他知道，接下来会有更多未曾经历的事情，等着他逐一面对。

一路向南，枪乌贼没有停歇也没有减速，直到天色暗下才落到地面，挨着一团豆荚软珊瑚将马蹄螺放了下来。"只能帮你到这儿了，保重。"没等马蹄螺站稳，枪乌贼留下一句话便转过身匆匆返回了。

📖 阅读　　　　　　　　　　　>>> 珊瑚礁的居民（一）

狮子鱼，大名蓑鲉（suō yóu），从外表上看，最显眼的就是那对像扇子一样的超大胸鳍，还有又粗又长的背鳍，当它把所有的鳍都撑起来时，的确就是一头彪悍的雄狮了。狮子鱼主要以甲壳动物为食，也常吃小鱼，华丽的外表不仅能让它很好地隐蔽在珊瑚丛中捕食猎物，还是一种非常严肃的有毒警告。这当然不是唬人的，狮子鱼背鳍上的刺具有很强的毒性，足以对付想要吃它的大鱼。如果人类被它刺破了皮肤，不但会产生难忍的剧痛，严重时甚至还可能晕厥。然而，即使是如此霸气的珊瑚礁雄狮，却也面临着数量越来越少的危机。有些人冲着狮子鱼的美丽，或者美味，夺去了它们的自由和生命。

勒氏蓑鲉 *Pterois russelli*　摄影/张帆

魔鬼鱼　　摄影/周锦

　　魔鬼鱼，大名蝠鲼（fú fèn），属于软骨鱼类，据说这个家族已经在海洋中生活了一亿年。它们的个头很大，又宽又扁还拖着一条细长的尾巴，就像个超级大风筝，喜欢在珊瑚礁附近闲逛，主要以浮游生物和小鱼为食。动作舒缓且性格温和，既不凶猛也不恐怖，它们又怎么会跟魔鬼扯上关系呢？可是无论为什么，魔鬼鱼都没能很好地保护自己。亚洲有些地区认为它们具有很高的药用价值，尽管这点并未得到科学证实，人们却早已开始了对魔鬼鱼的大量捕杀。现如今，魔鬼鱼家族中有两种被列为濒危物种，其他种类也都被列为"近危"或"易危"，足见其数量的稀少。不过与此同时，魔鬼鱼也受到了保护野生动物国际公约、国际贸易公约等，由多个国家联合行动的有效保护。

思考

　　1. 马蹄螺在出发前做了哪些准备呢？大家又为他做了什么准备？
　　2. 你知道清洁虾吗？将清洁作为一辈子的职业，它们是如何工作的？海洋动物们要怎样预约清洁服务呢？又是如何与清洁虾相处的？

第六章　一路向南

若不是枪乌贼的帮助，何年何月才能走到这儿呀！对了，这是什么地方？马蹄螺拉长脖子环顾四周。光线已经很弱了，只看得见附近几块或大或小的岩石，零零散散生长着稀疏的海藻和珊瑚，其余部分都是空荡荡的泥沙地。当看到身后的豆芙软珊瑚时，马蹄螺连忙礼貌地打了个招呼，并请教接下来的路线。

珊瑚虫们早就在打量马蹄螺了，等他话音刚落便七嘴八舌地问了起来，基本上都是围绕着"你是谁？从哪儿来？要去哪儿？为什么？"这几个问题。就在马蹄螺被问得晕晕乎乎，想回答也插不上嘴的时候，一个另类的声音提出了一个不一样的问题："那只枪乌贼是什么情况？"珊瑚虫们立刻又纷纷附和着这个问题了。

"嘘……要给人家说话的机会嘛！"那个另类的声音提醒了珊瑚虫们，很快就闭上了嘴巴。马蹄螺这才看清了声音的主人，一条脑袋尖尖的裸胸鳝，长长的身子从豆芙软珊瑚旁的土洞里探出了小半段。

接着，马蹄螺将整件事情和自己的想法都叙述了一遍。珊瑚虫们一边聚精会神地听着，一边时不时发出感叹，有的觉得恐怖，有的认为艰巨，但是都对马蹄螺的勇敢行为表示赞许和钦佩。

"真是不可思议！"在听完马蹄螺的故事之后，裸胸鳝转悠着一对小眼睛想了想，说，"那么冷酷迅猛的枪乌贼，不但给你留了个活口，还帮上这么大的忙，果然是大局为重啊！话说回来，为何他不直

接当信使呢？"

聊到这儿，马蹄螺不禁又悲从中来，哽咽着说："今晚就是他们的产卵期，而在这之后……他很快就会死去的……他们的寿命只有一年……"珊瑚虫们也跟着伤感起来，沉默了片刻，又都安慰着马蹄螺，劝他藏在珊瑚下面早点休息，养足精神早日完成任务。

整理好情绪之后，马蹄螺接受了大家的安排，回到房间里写起了日记——《回归珊瑚礁》，他要将自己每天的经历和对家乡的思念，都完完整整地记录下来。

早餐吃得非常饱，因为不知道什么时候才能有下一顿。马蹄螺昨晚歇脚的地方已经是边疆了，在接下来的路程里，他将要穿过一片广袤的荒漠，没有遮蔽没有食物更没有可以提供帮助的动物。临走时，豆荚软珊瑚全体为他加油送祝福，千叮咛万嘱咐一定不要迷路，这又让马蹄螺经历了一个满心感动的早晨。

一直都是晴天，可以很容易地找准方向，这让马蹄螺觉得非常幸运，全力以赴地朝南走去。每当太阳和月亮交班的昏暗时段，他就会停下来休整，顺便写写当天的日记。其实绝大部分的记录都只是一个日期，除了枯燥地行走，在荒芜的沙漠中似乎任何事情都不会发生。

又过了好些天，周围还是什么都没有，空旷的海底一眼就可以看到很远很远，而远处也依然是什么都没有。马蹄螺越来越多次地怀疑，是不是迷路了？或许自己一直在兜圈，永远也走不出这片荒漠了。

📖 阅 读　　　>>> 各显神通的生存策略

生活并不容易，在美丽富饶的珊瑚礁里，若想占据一席之地，动物们不仅要拥有足够的食物和运气，更需具备高超的智慧和勇气。

伪装，简单地通过颜色或外形来模拟，或是巧花心思利用植物或泥沙做掩饰。只要有耐心、够沉稳，就能瞒天过海与环境融为一体，捕食也好避免被捕食也好，可谓一举两得。

藏身，适合于活泼好动，但又没有强健武器的动物。使用此法者，既要固守自己的洞穴，又要行动敏捷时刻保持警惕，有些干脆选择白天藏身静心睡觉，夜间外出小

方柱翼手参 *Colochirus quadrangularis*　摄影/王炳

方柱翼手参 Colochirus quadrangularis　摄影 / 张玉香

心活动。

　　武装，与生俱来的高级配备。从坚硬的铠甲，壮硕的螯肢，到锋利的牙齿，尖长的鳍刺，以及酷炫的警戒色，迷幻的喷雾，甚至恐怖的毒液，这些都能为主人带来足够的生存安全。

　　此外，发扬团队精神促进合作共进，也是惯用的方式，而借助其他动物的威力，趁机傍大款蹭保镖的都不在少数。想想看，你所认识的珊瑚礁居民们，分别使用了哪种生存策略呢？

 **游戏**　　　　　　　　　　　　　　>>> 动物组合

人数	约8人/组，可多组。
地点	宽敞的空地，室内或室外均可。
目的	提高观察能力，加深对珊瑚礁动物的了解。
内容	分组后，各组避开众人自行商量，选择一种珊瑚礁动物作为表演内容，并告知老师。然后由全体组员一起，用身躯四肢组合成该动物展示给众人，要求做出该动物的特有姿势，或是用肢体表达出该动物的特征鲜明的行为。看看哪一组的表演最形象最精彩。 　　为了避免各组出现重复，可在商量好动物种类并报告老师时，由老师按先后顺序确认，如有重复则提醒重新选定。

第七章 消失的珊瑚礁

日复一日，体力严重透支的马蹄螺，只能机械地挪动着身子。迷糊之中，前方的岩石上有什么在反射着阳光，是珊瑚！仿佛得救了一般，马蹄螺疯狂地爬了过去。

来到一处鹿角珊瑚跟前，马蹄螺才发现不对劲，没有珊瑚虫也没有其他小动物。放眼望去，在这片灰黑的沙土上，找不到丝毫的生命迹象，只有一丛丛突兀而刺眼的白骨。每块骨骼都保持着生前的姿态，仿佛仍然有珊瑚虫生活在里面，随时都会伸出各种颜色的触手，跟着海水的节奏而轻柔摇晃。

　　充满死亡气息的绝望，远比沙漠里的荒芜更加残忍。马蹄螺不敢去做任何联想，也更加深刻地意识到自己重任在身，必须抓紧时间，于是又马不停蹄地踏上了征途。

　　夜以继日，马蹄螺穿越了荒漠和乱石滩，来到一座看似规模不小的城市，却再次有了不安的感觉。或许这儿曾是丰饶的珊瑚礁，但眼下除了依旧茂盛的各种海藻，完全不见珊瑚的踪影。也没遇到其他动物，路旁的那些洞穴，要么大门紧闭要么坍塌毁损，一派萧条的景象。不远处有几团蓝色或紫色的角骨海绵，蜷缩在岩石缝隙中，任凭马蹄螺怎么打招呼都没有回应。此地不宜久留，种种奇怪的迹象让马

蹄螺不寒而栗，他警觉地转向了浅水区。

海面的风有点大，一浪又一浪将马蹄螺推得晕头转向连滚带爬。"哎哟！"这声叫唤听起来就挺疼的，不过不是马蹄螺。被一块石头挡下后，马蹄螺站稳一看，原来自己不偏不倚砸在了一团侧花海葵的身上。马蹄螺急忙不停地赔礼道歉，而侧花海葵只顾着查看自己的伤情，正挨个检查那将近一百只的小触手。马蹄螺只得尴尬地候在一旁，来回打量着对方的穿着，那一身浅黄浅绿淡红淡褐的渐变融合色。

幸好并无大碍，侧花海葵也没计较什么，说起这场事故的原因，便聊到了马蹄螺刚刚离开的那座空城。"咳，好好的一片珊瑚礁就那么消失了。"侧花海葵疼惜地感叹道，"据说也就几天工夫，所有的珊瑚都被带走了。谁也不知道原因，更不清楚他们去了哪里。"

听起来实在恐怖，马蹄螺惊讶得说不出话来，又想起珊瑚虫族长所说的信件，那里面描述的情况和这个非常相似。

"如果珊瑚虫被吃掉了，好歹也能给后代留下骸骨做基石，可是现在就连祖先们传承了几百几千年的礁底都不见了呀！"侧花海葵越说越难过，语气里充满了同情和愤慨，"珊瑚们究竟犯了什么错？明明是那么优秀的一个家族！他们建造了整个珊瑚礁啊！"

越来越多的疑惑出现在马蹄螺的脑海中，曾经无忧无虑的他从未想过，世界会是这么复杂。"其他动物呢？"马蹄螺问道。

侧花海葵无奈地摇了摇头，回答说："大家都是靠着珊瑚礁生活的，主人都不见了，还怎么过得下去？家园毁了，他们能走的全走了，走不了的也是严防死守，就等着熬过最后的日子……"

📖 **阅读**　　　　　　　　　　>>> 海底森林的巨大价值

　　被誉为生命摇篮的珊瑚礁，是一些动物的绝佳产卵地，孩子们都在这个幼儿园里度过了快乐的童年。有些动物则是从出生到终老，乃至世世代代都不曾离开。那么多不同的动物和植物，住在此地一起吃饭一起生活，便是生物多样性的最佳状态了。因此，生态资源极其丰富的珊瑚礁，又被称为神奇的海底森林，是许多生物共同的美好家园。

樱蕾篷锥海葵 *Entacmaea quadricolor*　　图片来源／广东珊瑚礁普查 张玉香

　　孕育生命滋养万物，维持生态系统的多样性和平衡，这正是珊瑚礁最大的生态价值。同时，珊瑚礁对于地球环境的贡献也是不可轻视的。每一只微小的珊瑚虫都在不停摇晃着触手，用以过滤海水中的各种微粒，从而获取足够的养分，于是它们也是天然的过滤器，起到了净化海水的作用。

　　在珊瑚礁不断成长壮大的过程中，珊瑚虫需要将水中溶解的二氧化碳和钙离子，转化为碳酸钙盐来生成骨骼。当无数的珊瑚虫每时每刻都在吸收二氧化碳时，这就非常有助于降低大气中的二氧化碳含量，减轻温室效应。另外，珊瑚虫的骨骼足够坚硬，只要连接成片，形成颇具规模的珊瑚礁，就能有效地降低海浪对海岸的冲击力，起到消波护岸的作用。

　　对于人类而言，除了直接依赖珊瑚礁生活的全球 5 亿人口之外，珊瑚礁还能每年带来数十亿美元的旅游和渔业产值。而在气候研究、古代地理研究、医药美容等现代科技发展方面，珊瑚礁所体现出来的价值，绝对是应用广泛潜力无穷的。

思考

　　1. 你见过海葵吗？它们有着非常美丽的外表，常被人们称赞为海中花。海葵和珊瑚可是亲戚呢！你能说出两者的区别吗？

　　2. 马蹄螺路过的那片珊瑚礁变成了空城，你觉得会是什么原因呢？

第八章　水中精灵

　　月光融化在海水中，让蔚蓝变得通透，又是一个晴朗的夜晚。马蹄螺静静地躺在海底，感恩自己又度过了平安的一天。前面的日子里，恐惧、悲伤、愤怒、沮丧，重重地压在他的心头，让原本就疲惫不堪的身心更加喘不过气来。这不是他想要的生活，一直沉浸在负面情绪当中，对于他的信使工作并没有任何帮助。尽管这一路走来，所见所闻都是不好的消息，但他必须坚强勇敢，抬头挺胸向前看，无论将会遇到什么都要积极地去面对。

　　前方有什么东西缓缓飘过，比海水浓一点，又比月光淡一点，一团一团若有似无。真美呀！马蹄螺仰望着这群水母，露出了久违的微笑。水母们舒展着圆润的躯体，任凭每一根如丝般的触手散漫轻扬。马蹄螺小心翼翼地呼吸着，生怕惊扰了这些水中精灵。

　　水母是那么轻盈安逸，让海浪也变得温柔起来，水母又是那么软弱无力，似乎稍重的碰触都会让他们化成海水。可是呀，水母就是用这样看似柔弱易碎的身体，在大海中漂浮了几亿年。而他们的远亲珊瑚，有着坚硬如石的骨骼，同样也拥有着几亿年的历史，却要在这个时代，遭受莫名的灭顶之灾。

　　马蹄螺感慨万千，生命究竟能坚强到什么程度？为何又会如此不堪一击？马蹄螺暂时还无法弄明白这些问题，但总有一天会找到答案的，他将所有想法都写进了日记里。

　　站在悬崖的顶端，马蹄螺深深地吸了一口气，眼前的这条峡谷也太大了吧，真恨不得直接飞到对岸去。可是作为一只背着壳的螺，就算能纵身一跃跳到谷底，之后还是得一步一个脚印地往上爬。先填饱肚子要紧，马蹄螺返回了几步，那儿的团扇藻长得特别鲜嫩。

　　就在马蹄螺埋头猛吃的时候，听到了咔吱咔吱的声音，抬眼一看，吓得差点滚了下去。一个硕大的脑袋正从悬崖的另一侧慢慢升上来，也在大口大口地狂啃海藻，都快顶到马蹄螺的身上了。马蹄螺目瞪口呆地歪坐在原地，嘴角还耷拉着半截团扇藻。那个大脑袋似乎意识到了什么，往后退了退，然后一个巨大的身躯呈现在了马蹄螺的面前。终于松了一口气，尽管从未见过但马蹄螺立刻便认出来，这就是传说中的绿海龟。

绿海龟转了转那对同样硕大的眼睛，在看清马蹄螺之后，忍不住笑出声来，又往后让了让说："放心！我会留几口给你的。"马蹄螺赶紧整理了一下自己，也不好意思地笑了笑。在相互介绍之后，他们俩愉快地聊了起来。

马蹄螺向绿海龟打听关于尽南之地的消息。绿海龟回忆了片刻，表示自己虽然去过很多地方，但对尽南之地并不知情，又想了想说："从这儿往南，最近沿途都不太平，你去那里干嘛？"马蹄螺简明扼要地叙述了事情的原委。

绿海龟若有所思地点点头，望着下定决心的马蹄螺说："我待会也要往南去，一起走吧，捎你一程。"

📖 阅读　　　　　　　　　　　　>>> 珊瑚礁的地理造型

生活于浅水区域的热带珊瑚礁，在海洋和陆地的共同打造下，形成了极具特色而又自带规律的地理造型。通常可以按照外观将珊瑚礁分为三大种类，这也是以达尔文理论为代表的，珊瑚礁演化发展的三个递进阶段。

裙礁，沿着海岸线呈带状生长，像裙摆一样围绕着陆地边缘，是地球上最普遍的珊瑚礁造型，尤其在加勒比海和夏威夷群岛附近非常多见。

堡礁，生长在海岸线的外缘，与陆地之间有潟湖相隔，如同堡垒守卫着陆地。在澳大利亚的东海岸，有着世界上最大的堡礁，那就是鼎鼎大名的大堡礁，长达 2 000 多千米，已有 50 万年的历史了。

环礁，顾名思义，这类珊瑚礁从整体上看就是一个环状造型。和堡礁一样，环礁的中间也有潟湖，在它们的下方离海平面不远处，常常隐藏着活跃的海底火山。印度—太平洋海域是环礁的主要分布区，这里生长着世界上最大的环礁——夸贾林环礁。

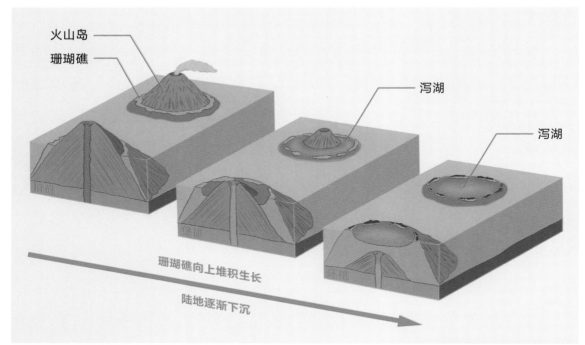

火山岛
珊瑚礁
泻湖
泻湖

珊瑚礁向上堆积生长

陆地逐渐下沉

珊瑚礁的形态与海平面的变迁

☀ 游戏　　　　　　　　　　　　　>>> 环礁起立

人数	约 10 人／组，可多组。
地点	宽敞的空地，室内或室外均可。
目的	了解珊瑚礁发展的三大阶段，同时培养同学之间的默契和协助能力。
内容	先由老师介绍珊瑚礁的演化发展史。（最初的珊瑚礁沿着新生小岛繁衍发展形成了裙礁，小岛逐渐下沉而珊瑚礁向上生长于是变成了堡礁，当小岛最终沉入大海但珊瑚礁依然往高处生长很可能就成为环礁。） 　　分组后，组员靠拢围圈，以相邻两人肩膀相接为标准，然后转身背对中间并坐在地上，每个人都紧紧挽住左右两人的胳膊。等各组都做完准备动作后，由老师统一喊起立口令，看哪一组最先全部起立。 　　注意，在起立过程中，每个人的胳膊都必须挽住，如有松开则属犯规。初次游戏时很难全组起立一步到位，老师可引导各组自行讨论，如何做好准备姿势，如何均衡整组力量等。

第九章　勇敢的母亲

穿越高山峡谷，掠过森林草原，随着两只宽大有力的前肢来回划动，绿海龟飞快地径直向南游去，只有在每隔一阵需要呼吸时，才稍作减速露出海面。对于马蹄螺来说，时间是多么宝贵啊！他感到无比幸运，总能遇到好心的帮助，这么看来，美丽的家乡也一定能逢凶化吉的。

坐在绿海龟的背上，心情超好的马蹄螺一边欣赏着壮美海景，一边和绿海龟聊着天。"你是说要到南方的一块沙滩上去产卵？"马蹄螺大声地问道。

"嗯。那是家族里沿用了几千年的繁殖地，我也出生在那儿。非常可爱的一片沙滩！"说到家乡，绿海龟游得更加起劲了，"那里实在太舒服啦！洁白的沙粒又细又软，我的宝贝们肯定也会喜欢的！噢！坐稳了，小伙子！"话音刚落，绿海龟猛地一个侧翻下潜，将汹涌拍来的大浪甩在了身后。

"哈哈哈……太酷啦！"这种冲浪的刺激马蹄螺从未感受过，开心得不停欢呼。直到被提醒，马蹄螺才想起自己刚才险些掉下去，便在绿海龟的背上粘得更紧了。"你之前提到的不太平，是说路上会有台风之类的吗？"马蹄螺想了一会儿问道。

"远不只大风大浪这么简单呐！"绿海龟有些严肃地回答说，"我也是听说的，没有任何原因，一些动物会集体失踪，甚至一些地方会被瞬间毁灭。"

马蹄螺心头一惊，又是类似的恐怖灾难。"那你一定要冒险过去吗？"

"是的。不论身处何方，也不论有多少艰难险阻，每一只绿海龟都会回到自己的出生地去产卵。"绿海龟的语气愈加坚定了，"这是我们的年度盛事，更是整个家族最重要的传承。只是最近几年，回去的同伴越来越少了……如果没有遭遇不测，他们不会不出现的……我必须更努力地将家族传统延续下去。"

望着这位母亲宽厚的背甲，马蹄螺充满了感动和崇敬，一时却说不出任何安慰的话。绿海龟似乎感受到了马蹄螺的担忧，回头望了他一眼，略带轻松地说："没事的。看我们这一路多顺利呀！再说几十年来我四处遨游，每次都能顺利返回，已经可以自如应对各种危难了。"

夕阳将海面染成一片金黄，绿海龟放慢了速度。"就在前面，很棒的珊瑚礁，街道繁华食物丰富，你可以住一晚，顺便咨询一下你要去的地方。我也得从那儿往东走了。"绿海龟一边介绍，一边朝着那片富饶的珊瑚礁游去。

马蹄螺连忙道谢，满心的感激不尽又让他不知说什么才好，而满眼的绚丽缤纷也勾起了他对家乡的思念。

正当他们抵达珊瑚礁的中心时，四周响起了沉闷的怪异声，地面的震动也由远及近迅速传来。到处都在嚷着地震了，动物们全跑了出来，拼命地往上空游去。绿海龟背着马蹄螺紧急上升，刚浮到海面，下方已经满是被翻搅起来的泥沙。绿海龟专注地观察了一番，立刻大喊："不是地震！大家快往外逃！"

阅读　　　　　>>> 珊瑚礁的居民（二）

　　绿海龟，大名绿蠵龟（lǜ xī guī），明明就是棕黑色怎么会说绿的呢？如果有幸遇见生活在大自然里的绿海龟，的确可以看到背甲上的浅浅绿色，但其实在它们的体内有着非常特别的绿色脂肪，这才是名字的真正来源。而它们那一米多长的庞大身躯，全流线型的坚硬外壳，迅猛矫健的游泳技能，足以让人印象深刻了。虽然是地地道道的海洋动物，但绿海龟必须用肺通过鼻子来呼吸，因此隔几分钟就要到海面上换气。除了偶尔在岸边晒晒太阳，绿海龟们最重要的登陆行动就是产卵，每过两三年，绝大部分的成熟雌龟都会回到自己的出生地去产卵，每期有 500~1 000 颗卵。尽管出生的数量惊人，却只

绿海龟 *Chelonia mydas*　摄影 / 周苑明

绿海龟 *Chelonia mydas*　摄影 / 周苑明

有不到千分之一的绿海龟能长大成年，而幼龟又需要生长 15~20 年才具备繁殖能力。再加上产卵地和栖息地的破坏，原本广泛分布于热带和亚热带海域的绿海龟，现在竟然快要灭绝了。在世界自然保护联盟（IUCN）的红皮书中，绿海龟和其他所有海龟一起，都被写进了濒危野生动植物贸易公约的附录 I。

鹦鹉螺，因为看起来很像鹦鹉的嘴巴而得名。它有着跟螺类一样的坚硬外壳，却和章鱼的亲属关系更紧密，大脑的发达程度则更接近于脊椎动物。在地球的漫长岁月里，各种生物演化发展诞生灭绝，而拥有五亿多年生活史的鹦鹉螺，其外形和生活习性却都没有太大变化，因此被称为活化石。鹦鹉螺的外壳主要用于保护身体和控制浮沉，而优美的线条和精密的构造也令世人着迷不已，在现代仿生学及古生物学等方面均具有极高

鹦鹉螺 *Nautiloidea*　　摄影/张玉香

的研究价值。然而，如此古老神秘的鹦鹉螺，在当今的海洋里却面临着绝迹的危险，已被列为《中国国家重点保护野生动物名录》I级保护动物、《濒危野生动植物种国际贸易公约》CITES I级保护动物。

思考

　　1. 水母是怎么游泳的？能否模拟一下水母的游泳姿势呢？

　　2. 你见过绿海龟吗？它又是怎么游泳的呢？谁能模拟一下绿海龟的游泳姿势？

第十章　被扭曲的世界

　　从海底到海面，一片昏天黑地，充斥着惊恐的尖叫声。绿海龟贴着水面，拼尽全力游向珊瑚礁的外围，可是无论怎么努力，似乎都被一股强大的水流拽着，难以前行。

　　忽然，有什么东西飞速撞在了绿海龟的脸上，紧接着就是身上，然后猛地将她带出了海面。在如此短的时间内，马蹄螺完全不知道发生了什么，只是感觉到强烈的撞击、拥挤、上升，又在嘈杂的巨响中听见了哭泣声、叫喊声、碎裂声。

　　等到终于能够看清楚时，马蹄螺发现自己已经离开大海，整片珊瑚礁都被挤压成了一团。在这个扭曲的世界里，马蹄螺依然紧紧贴在绿海龟的背上，他们正位于拥挤的边缘，而看向里面，有被连根拔起的各种珊瑚、海藻和岩石，还有许多受伤的，以及无法在空气中呼吸的居民。将大家与那个触手可得的正常世界隔开来的，是一张巨大的网。

　　挣扎无济于事，大网仍在上升，海水不停滴落。绿海龟艰难地转过脑袋，看着大家说："个头小的想办法钻出去吧。"又冲马蹄螺微微一笑："好好活下去。"随后，抬起前肢用力地挤到背甲上，迅速拨掉了马蹄螺。

　　穿过网格，马蹄螺直直地坠入了大海。

　　过了好久好久，马蹄螺醒来，像是做了一场长长的噩梦，全身软

弱无力。慢慢地钻出壳时，眼前的场景立刻又让他回到了那个惊魂未定的傍晚。泥沙已经沉淀，海水恢复清澈，可是所有的一切都被毁了，望着满目疮痍的阴森海底，根本就难以相信这里曾是一片美丽的珊瑚礁，更无法想象之前有着怎样的华美盛况。马蹄螺宁可认为只是发生了一场地震，他和绿海龟，还有其他动物们仅仅是暂时跑散了，大家很快就会回来团聚重建家园的。

马蹄螺陷入了深深的自责中，如果不是为了帮自己争取时间，绿海龟也不会提前赶到这里，更不会遇到大网。她马上要当妈妈了啊！她小心谨慎地活了几十年，怎么能就这样被带走了呢？马蹄螺痛苦至极，他不明白外面的世界为什么要这么残忍，为什么要在他们那么开心的时候让灾难降临，他不知道自己究竟做错了什么。

瘫坐在地上，马蹄螺茫然地望着空荡荡的海底。有哭声断断续续地传来，他四下看了看，没见着什么动物。过了一会儿，哭声更大更凄凉了，马蹄螺索性也跟着大哭起来。终于，他们俩都哭累了，又默默地发着呆，休息了好一阵子。

"什么都没有了。就算逃出大网又有什么用呢？"直到对方开口马蹄螺才发现，就在旁边那块碎石的缝隙里，一只幼小的花刺参还在时不时地打着哆嗦，尽管有着很好的保护色，但是身上却带着几处颇为显眼的伤口。

可怜的孩子，马蹄螺朝着花刺参那边挪了几步，却不知要说些什么。"孩子们呀，无论发生了什么，都要好好地活下去。"一个声音回答道。马蹄螺心里猛地一颤，这是绿海龟说的最后一句话啊！

阅读 >>> 慢慢生长的珊瑚礁

　　俗话说罗马不是一天建成的，全世界那么多美丽缤纷，且生物多样性尤为丰富的珊瑚礁，也不是在几个月或几年的时间内，就可以形成稳定的规模。珊瑚虫的繁殖方式有好几种，繁殖量也非常大，但由于对环境的要求严格，珊瑚礁的健康成长和平稳发展并不是一件容易的事。更何况许多珊瑚虫都只有米粒般大小，要靠着它们世代接力不断分泌出石灰石，再经过沉淀和石化最后成为珊瑚礁，这是一个极其缓慢而又复杂的过程，唯有地球才能见证如此宏伟的时间锤炼了。

珊瑚礁生态系统　　摄影/李然

在正常情况下，块状的石珊瑚每年增加的厚度仅为 0.5~2 毫米，即使是速度相对较快的枝状珊瑚例如鹿角珊瑚，在良好的环境下一年可增长 100~200 毫米，但如果只是简单地用肉眼观看，短期内根本就难以察觉到珊瑚礁的整体发展。这也意味着现在所欣赏的珊瑚礁，全都比我们的年龄要大得多，有些甚至已经在原地生活了几千年几万年，足以让人感叹岁月，对珊瑚礁产生深深的景仰了。

 **游 戏**　　　　　　>>> 海啸来了

人数	3 人／组，建议 3 组以上，另加 1 人。即游戏总人数为 3 的倍数加 1。
地点	宽敞的空地，建议空旷的操场。
目的	了解自然灾害对珊瑚礁及其居民的影响。
内容	先由老师介绍珊瑚礁里所能遇到的自然灾害和影响程度。（在珊瑚礁区域出现的自然灾害主要有台风、地震和海啸，如果灾害轻微，珊瑚礁并无多少损失，同时还可以保护家园里的动植物。若是严重受灾，很可能将几个世纪的积累毁于一旦，但这是非常罕见的事情，也属于自然选择的重组方式，珊瑚礁仍有足够的时间来慢慢恢复。） 　随机分好多个 3 人组，余下的应为 1 人。每组当中 2 人手拉手围成圈，设定身份为珊瑚礁，组中另一人站在圈内，设定身份为马蹄螺。由余下的那一人面向所有组喊出名称，名称有"马蹄螺""珊瑚礁""海啸"三种，可自行随机选择。 　当喊出"马蹄螺"时，现场所有站在中间的、身份为马蹄螺的人员都必须交换位置，其他人则静止不动，而喊名称的人要趁机钻进其中一组扮演马蹄螺的身份，这时会挤出来一个人，将要接着喊下一个名称。同理，当喊出"珊瑚礁"时，现场所有拉着手的、身份为珊瑚礁的人员必须解散且交换位置，和别的珊瑚礁人员重新拉手，其他人依然留在原地，喊名称者应立即扮演珊瑚礁。当喊出"海啸"时，现场所有人员都要交换位置，原身份全部打乱重新迅速组合，直到余下 1 人。

第十一章　好好活下去

在碎石块的另一侧，暗灰的沙土中，一扇四方形的贝壳微微张开。年长的珠母贝缓缓摆动着触手，对马蹄螺和花刺参说："这个世界很美好，但是也会有不好的事情发生，生命就是不断经历着这一切，延续了几亿年呀！"

马蹄螺的情绪稍稍平复了，看着珠母贝，那一身犹如海底般暗淡坎坷的外壳。壳面形状突兀的空荧亮的洁白内粉色光泽的已经破损，在中间部分有一处洞，可以看到里面光滑壁，还有一颗散发着淡大珍珠。

"从诞生的那一刻起，我们都只有一次机会。有些动物度过了数十年，有些则只能拥有几个月的时光，但对所有生命来说，这唯一的机会是那么宝贵却又短

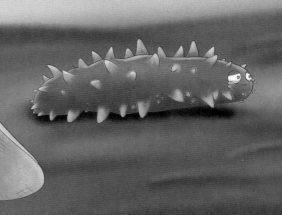

暂。"珠母贝继续说着，语气和缓而恳切，"孩子们，应该庆幸我们还没有丧失机会。"

花刺参哀伤无助地望着珠母贝说："可是我心里好痛，我不知道该怎么办，家园被毁了，生活也不复存在了。"说到这里，花刺参又开始抽泣了。

"哭吧，孩子，想哭的时候就让难过随着眼泪流出来。"珠母贝温柔地鼓励道，"岁月从未停留，擦干泪水之后就不要再回头了。向前看吧，每一天都是崭新的，我们都要努力活得更好。"

在此之前，马蹄螺也想过放弃，想要抛开一切，立即回到那个宁静的家乡。可是听了这番话，马蹄螺似乎明白了一些，

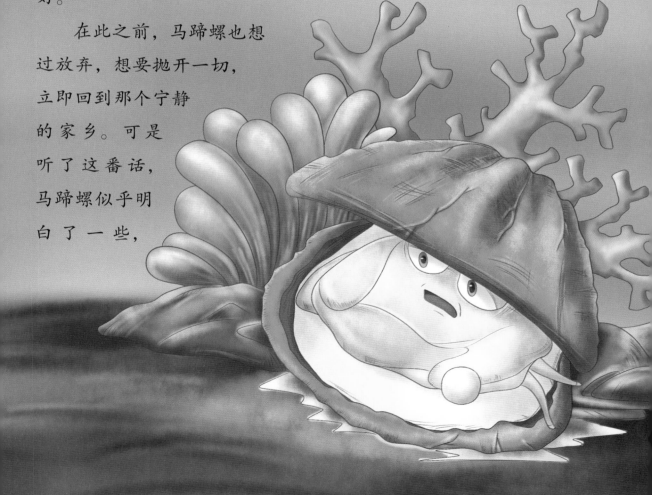

内心的绝望正一点一点地消散。看着身残志坚的珠母贝，在那缺失的平凡之躯里，竟然拥有如此强大的内心，正像他低调的外壳下，蕴含着绝美的光芒，而这份积极勇敢的心态，远比珍珠还要闪耀。

马蹄螺慢慢回忆起家乡的每个伙伴，那一张张充满希望和祝福的脸庞仿佛就在眼前，还有一路上鼓励和帮助过他的每位朋友，萍水相逢却能毫无保留地热情付出。马蹄螺又哭了，而这一次，随着眼泪流出来的是懊悔和自责。他怎么可以就这样退缩呢？只要还活着，就必须坚持到底！强烈的使命感让马蹄螺又站起身来，毅然决定现在就出发，继续前往尽南之地。

多亏了珠母贝的开导，马蹄螺道谢之后便连忙向他请教路线。

"从这儿去南方有两条路，距离最短的那条路崎岖陡峭，而且必须经过一段危险地带，近几年多方消息已经证实，那附近经常会出事。我强烈建议你走另一条路，不仅安全得多，也比较平坦好走，只是路程会远上一倍。"珠母贝详细地指明了方向。

稍作考虑之后，马蹄螺便迫不及待地动身了。

"慢着点，孩子，先看看有没有受伤。"珠母贝关切地说。

马蹄螺没有停下脚步，只是活动了一下全身，简单地看看外壳，发现大门口有条裂缝，但他并不在意，于是边走边转头大喊："我很好，请放心！保重啊！"

望着马蹄螺渐渐远去的背影，珠母贝深深地叹了口气，满是担忧地说："这孩子，选择了一条不归路啊！"

📖 阅 读　　　　　　　　　　>>> 珊瑚礁面临的现代威胁

　　根据全球珊瑚礁监测网络所提交的 2000 年年度报告表明，截至当年，全球共有 27%的珊瑚礁受到破坏，若不采取紧急保护措施，在未来的 2~10 年以及 10~30 年内，预计全球珊瑚礁将分别损失 24% 与 30%。然而更令人震惊的是，如果持续以现在的方式对待珊瑚礁，到 2030 年，全球珊瑚礁的近 90% 将从海洋中永远地消失。

　　珊瑚礁的美丽神奇，还有难以估量的生态价值，让现代生活与地球上的每一处珊瑚礁都息息相关，但是人类在使用中却采取了不合理的掠夺方式，例如，大规模采挖珊瑚礁用以烧制石灰，无限制地采摘珊瑚以及贝类螺类来制造工艺品，超量捕捞珊瑚礁渔业资源等等。

　　除了对珊瑚礁的直接破坏，人类在发展其他事物的同时，也忽视了各种行为给珊瑚礁间接带来的不利影响。例如，日常生产生活时碳排放的增加，使得大气中二氧化碳浓度升高，一方面会导致全球气候变暖，从而引起珊瑚的白化乃至死亡；另一方面，过多的二氧化碳进入海洋后使得海水酸化，从而降低了珊瑚的钙化率。

珊瑚礁遭渔网破坏　图片来源/广东徐闻珊瑚礁国家级自然保护区管理局

　　此外，频繁的海洋工程、不当的旅游开发、捕鱼拖网、毒鱼炸鱼，都殃及到了无辜的珊瑚礁。还有陆地森林滥伐、海岸建设过度所引发的泥沙入海，工业、农业、生活的废水污水，以及海产养殖的消毒水无限排放所造成的海水富营养化，人类将垃圾、油污和有毒污染物直接向海洋倾倒等等。种种现代行为都是珊瑚礁的灾难，给珊瑚虫和其他珊瑚礁动物带来了永久的伤害甚至迅速的扼杀。

思考

　　1. 为什么有些贝壳里面会长珍珠呢？你知道珍珠是怎样形成的吗？

　　2. 有什么事情是你原本想要完成，但在遇到困难后又主动放弃了的？看到马蹄螺在大哭想家之后又勇敢启程的心理变化，你得到了哪些启示呢？

第十二章　永恒的珊瑚之夜

　　为了能够早日抵达尽南之地，马蹄螺毫不犹豫地选择了最近的那条路。经历了一次与死亡的擦肩而过，虽然还是心有余悸，但他已经不再那么害怕危险了。不过保持警惕是非常必要的，马蹄螺一刻都没有放松，而沉重的心情也让他一直都没有笑过。

　　复杂的地形让马蹄螺费力地不停上下，有时遇到了槽沟就得壮着胆往前跳，运气不好的话还会被水流带走，白白多走了许多路。但马蹄螺没有丝毫懈怠，一心只想着前进再前进。

　　路过了好多处灰暗的珊瑚礁，有的看起来已经荒废多时，有的则像是刚刚失去了生机，有的还保持着原样，有的却已经面目全非毁损殆尽了。看过的空城越多，马蹄螺内心的焦虑就越深重，他非常害怕家乡也遭受这样的灾难，于是走得更加仓促了。即使遇到了几处一切正常的珊瑚礁，他也只是问路即走，不敢多做任何停留。

　　隐约之中马蹄螺似乎发现了什么，但他还找不到头绪。在这一段危险地带当中，越是宏伟壮阔的珊瑚礁就被破坏得越严重，还有，灾难降临的时间似乎是越往前走越靠近。莫非自己正走向危险中心？马

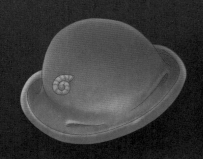

蹄螺被这个想法吓出了一身冷汗，但是很快就镇静下来。他必须穿过这段路，再大的危险也要闯一闯，甚至想要亲眼看看，除了那种毁灭性的大网，还会有什么更恐怖的灾难。

斗转星移，在克服了道不尽的千辛万苦之后，马蹄螺终于望见了一片平缓的坡地，不禁大舒一口气。路况变好了，那一段危险地带应该也结束了吧。休息片刻，马蹄螺迈着轻快的步伐踏上了旅途。又过了几天，周围的景物越来越丰富，海底的色彩也越来越缤纷了，还可以听到越来越多的欢笑声甚至歌声。前面肯定有一片繁荣的珊瑚礁，马蹄螺一边考虑着待会吃点什么，一边赶紧将灰头土脸的自己收拾干净。

这片珊瑚礁的范围不算大，但显然是一座乐园。随着暮色低垂，各种动物都陆续赶来了，大量聚集在珊瑚礁的上空和周边。马蹄螺正纳闷是不是有什么大事，眼角便瞄到了一群尖头黄尾的云斑海猪鱼，当他们从头顶游过时，马蹄螺连忙趴下身来，然后听见其中一条嚷嚷着："快点快点！一年也就等这一回了。"

马蹄螺望了望月亮，忽然想起来，珊瑚之夜！这可是全世界所有珊瑚礁的年度头等大事呀！自古以来，珊瑚虫们都会根据太阳和月亮的讯息，推算出一个属于自己区域的夜晚，集体进行最隆重的繁殖仪式，让整片大海都来为自己的后代送行。

在熙熙攘攘的动物们当中，马蹄螺也跟着激动不已，能够见证这样的历史时刻，兴奋到全身发热甚至有些呼吸困难了。渐渐的，马蹄螺的视线变得模糊，大家也都停止了游动，有些坠入海底，有些飘到了水面。

马蹄螺忽然明白，事情的真相是，他中毒了，整片珊瑚礁都中毒了。这个美丽的世界即将消失，而他永远也无法再前进一步了。

阅读   >>> 珊瑚怎么褪色了

　　近些年，新闻报道越来越频繁地谈及珊瑚的白化现象，许多色彩缤纷的珊瑚都褪色了。它们还活着，却显露出森森白骨的态势，没错，那种褪色后的苍白正是骨骼的本色。

　　在之前的课后阅读中已提到，共生藻会为寄主珊瑚虫提供营养，也能给其带来色彩。可是，一旦海水温度过高，或是太阳照射过强，珊瑚就会把共生藻排出体外。这么一来，珊瑚不仅褪色了，还丧失了营养来源。如果海水环境很快就恢复原状，白化的珊瑚也能再次与共生藻合作，恢复到原来的颜色和健康。要是环境的变化剧烈或时间过长，珊瑚们等来的也只有死亡了。当然，不同种类的珊瑚，敏感度和适应力都是不一样的。

珊瑚白化　　图片来源／广东珊瑚礁普查

珊瑚白化，是全球珊瑚礁共同面临的一个严重问题，这将极大地损害整个珊瑚礁生态系统。尽管自然因素如厄尔尼诺现象也会导致海水环境的变化，但造成大范围且高频率的珊瑚白化，却更多地与人类活动有关，例如过量排放的二氧化碳所带来的全球变暖、海洋酸化等等。

珊瑚白化　图片来源／广东珊瑚礁普查

☀ 游戏 >>> 我是谁

人数	多人皆可。
地点	室内或室外均可。
目的	熟悉常见的珊瑚礁生物，尤其是在外观和行为方面的主要特征。
内容	由老师预先设定若干种珊瑚礁生物，写在若干大白纸上。选出一名同学，面对众人站立，老师在其背后抽选其中一张白纸，让众人看清但不能出声，即全场只有该名同学不知道抽出的白纸上所写为何物。然后该名同学开始提问，众人只能回答"是"或"不是"，不能给予其他任何的提示。该名同学将通过询问物种的外观和行为特征而缩小范围，最终明确自己所猜的物种。正确说出后可换下一名同学和下一个物种。 　　为降低难度，老师无需写出具体的物种名称，直接用统称就行。供抽选的生物数量也可根据时间长短和难易程度来确定，例如，5 种或 10 种。再者，还可在游戏开始前将供抽选的所有物种告知全体同学，这样的话，每轮站出猜测的那位同学也能尽快做出有针对性的提问。 　　提问例句。选出的同学："我有四只腿吗？"众人回答："是！"而不能提问"我有几条腿？"参考珊瑚礁物种：珊瑚、海藻、海草、海星、海胆、海龟、贝壳、虾、螺、鱼、蟹。

第十三章 新家

　　烈日照耀着沙滩，一天又一天，海浪拍打着沙滩，一年又一年。一只塑料瓶在沙滩上走着，远远的似乎发现了什么，立刻加快步伐直奔过去。"呦吼！难得来一次海边就捡到宝啦！"塑料瓶大喊大叫着，不对，不是塑料瓶，人家的大名叫凹足陆寄居蟹。

　　呈现在寄居蟹面前的是一个空空的螺壳，一个三角形的马蹄螺的螺壳，这让他开心得手舞足蹈。每一只寄居蟹都应该有一个螺壳，这才是传统意义上正宗的家。

寄居蟹迅速地绕壳一圈打量一番，果断爬出了那个瘪旧的塑料瓶。

钻进螺壳试试，"嗯，开口在左边，这才适合我们左撇子嘛！真不错，够宽敞！"寄居蟹一边试用着新家一边赞不绝口。可是刚走几步就感觉螺壳偏大了，背着有些费劲，而且大门口还有条裂缝。可惜啊可惜，好不容易遇上了，偏偏又不够完美。寄居蟹进进出出好几次，希望能找到舒适的姿势，这时他才看到，在螺壳的内壁上有一副地图，后面还写满了文字。

"有故事的家！"寄居蟹惊呼一声，瞬间就决定非它莫属了。虽然大了有点碍事，不过他也会长大的嘛。

背着新家，寄居蟹骄傲地返回了红树林。一路上吸引了不少羡慕

和好奇的目光，他都笑而不语，径直来到了林子高处，他常住的那棵木榄树下。邻居跳跳鱼正顶着一对圆鼓鼓的大眼睛，趴在泥水上发呆，见到寄居蟹的新模样，眼睛瞪得更大了，嘴巴也圆圆地大张着。简单打了招呼之后，寄居蟹找了个角落，靠在一根冒出泥土的膝状根上，缩进螺壳，开始阅读新家里面的故事，头一次在晚餐时间都没出来。

这个写满了日记的螺壳，就像是大海里的漂流瓶，跨越时间和空间，传递着原主人的喜怒哀乐，那么遥远却又那么真实。寄居蟹看着看着便泪眼婆娑起来，不禁感慨，一只小小的马蹄螺竟然会有如此多的经历，真的太坚强太勇敢了。然而，当寄居蟹一口气读到最后才发现，故事没有结局，像是忽然定格在了某一天。

后来到底发生了什么？那些灾难真的如此恐怖么？马蹄螺抵达尽南之地了吗？究竟有没有完成使命？珊瑚礁是什么样的？据说那儿是海底森林，而我们红树林是海上森林，会不会很相似？……越来越多的疑问在寄居蟹的脑海盘旋，等他出来舒展筋骨时，天已经大亮了。

啪，一根木榄胚轴掉在了身旁，这是已经发芽的种子，翠绿而细长。它们将婴儿时期的可爱小红帽留在了树上，走出家门之后，可能直接插进土里，在家乡生根成长，也或许随着海水远游，在世界各地发展壮大。望着这根小小的木榄，寄居蟹忽然觉得，自己也应该出去看看外面的世界。屋子里的那幅地图，似乎正是冥冥之中的暗示，指引着今后的生活。他可以跟随这个故事，一边弄清楚来龙去脉，一边游览沿途的风光。

于是，寄居蟹立刻出发，来了一趟说走就走的旅行。

📖 阅读   >>> 绿油油的红树林

　　明明是绿油油的一片，怎么会叫做红树林？将苹果削皮后放置一段时间就会发现，果肉变成了锈红色。这是由于苹果里含有单宁，与空气接触会发生氧化从而导致变色。同样的，红树植物的树皮内也富含单宁，一旦树皮破损就会氧化呈现出红色。这便是红树植物的名称由来，而红树林正是这样一类木本植物群落的统称。

　　在美丽的水蓝色地球上，红树林仅仅分布于热带、亚热带的海岸潮间带区域。潮间带指的是涨潮时被海水淹没，退潮后又露出水面的那一截海岸。如此一来，大部分红树林每天都要洗两次澡了，没错，海上森林就是这样在海水的来回冲刷中茁壮成长的，也因此掌握着许多神奇的生存之道。

　　红树植物的根系异常发达，拥有大量强壮的支柱根，可以稳固地屹立于惊涛骇浪之中，而众多向上生长的呼吸根，在每一次潮起潮落之间都能更长时间地呼吸空气。此外，红树植物的细胞具有很高的渗透压，非常有利于从海水中吸取生命不可或缺的淡水。而

海水过半的红树林景象　　摄影/刘毅

一些红树植物的叶片还具有泌盐现象，可以将含有盐分的液体直接排出叶片，干燥后就能看到叶面上缀着一颗颗晶莹剔透的盐粒了。

最为特别的是，为了保障后代的成活率，许多红树植物采用了胎生的繁殖方式。种子成熟之后，还要挂在枝头继续生长，待到萌芽并长出胚轴，才择机掉落到泥土中直接扎根生长。这样就不会随波逐流而接触不到泥土了，即使被海浪带离家乡，也能在遇到下一处潮间带时迅速地落地生根。

思
考

1. 寄居蟹为什么会叫做寄居蟹？它们通常会用什么来当作家呢？

2. 你见过红树林吗？除了红树林和苹果，你知道还有哪些植物含有单宁吗？

退潮后红树林间裸露的滩涂　摄影／刘毅

第十四章　自己的光芒

半个世纪前的地图，半个世纪前的故事，在经历了岁月的锤炼之后，还有什么能够依旧鲜活？又有什么是永恒的存在？这些问题如同大海般深邃而又宽广，是寄居蟹从未考虑过的，他一直都居住在这片红树林里，吃饭散步聊天，看日出月落潮涨云飞，过着自己的平凡小日子。但是现在，生活即将发生巨大的改变，他被无数的未知和强烈的好奇包围着，恨不得立刻就插上一对翅膀，飞抵那片神秘的尽南之地。

走出红树林时，

寄居蟹回头望了望，想起日记里的一句话，"离开，是为了更好地回来。"其实他也不知道这趟出行会持续多久，更不清楚前方存在着多少风险，但他终究会回到自己的家乡。这是以往从未出现过的感觉，直到决定离开的那个瞬间，却突然成了深深珍藏于心的渴望。

　　沿着海岸线往南，气候舒适风景优美，然而寄居蟹的情绪，却从一开始的劲头十足，渐渐变成了萎靡不振。并非道路崎岖体力不支，没有任务在身，每天都可以吃好睡好随时休整，也不是天地广阔空虚寂寞，在途中常常能够结识友善的当地朋友，得到许多帮助和陪伴。但最让寄居蟹意想不到的是，暴风骤雨都不怕的坚强意志，竟然会因为和风细雨的平淡而消散殆尽。

　　长路漫漫，不可能处处充满惊奇，现实也无法时时都与预期相吻合。曾经安于平淡的

寄居蟹，在经历了冒出想法勇于尝试的一系列激动之后，心情却变得跌宕起伏难以宁静，甚至产生了莫名的忧伤。

夕阳一点一点沉入大海，将岩石染成橘红，寄居蟹已经在那上面坐了一整天，但依然是满脸茫然。泪眼蒙眬中，璀璨的星空环绕四周，浪花也将一些星星推到了岸边。海水以舒缓的节奏拍打着大地，那不断重复的声音轻柔而又坚韧，仿佛可以治愈一切伤病安抚所有灵魂。

寄居蟹慢慢地平静下来，这才发现脚下的岩石边真的镶满了小星星，闪烁出幽蓝的柔光，随着海浪摇摇晃晃一直延续到远方。太美了！海里的星星，犹如梦幻一般不可思议，就那么悄无声息地亮起，出现在这个平淡无奇但是让寄居蟹无比低落的一天。

小小的荧光藻呀，守候在夜的海边，它们只是随波逐流便可浪迹各地，它们只需随遇而安就能点亮旅程。望着眼前的天和地，寄居蟹忽然明白了一个道理，外界的光芒再闪耀，留在心底的也短暂如过眼云烟，唯有自己发光才能拥有永恒的快乐，即使像荧光藻那般的微微光亮，也可以为这个世界增添一份感动。

踏过了那么多或平坦或艰辛的道路，看过了那么多或陌生或熟悉的风景，然后，能够更清楚地认识真实的自我，或许这就是旅行的意义吧。寄居蟹感觉到了前所未有的轻松，当他抖落身上的露水时，螺壳也没有乱摇乱晃了，是的，他长大了。

时间过得不紧不慢，又一次如诗如画的暮色中，寄居蟹远远地望见了一座矗立在水平线上的高塔。

📖 阅读 >>> 红树林的居民

　　红树林不仅神奇又美丽，而且极具生态价值，是非常重要的海岸卫士，既能够防风护堤抵御自然灾害，还具有吸附重金属、净化海水、促淤造陆等作用。与此同时，在红树林里居住着多种多样的底栖生物，又吸引了大量的鸟类和哺乳动物前来觅食，从而形成了丰富稳定的生态系统。

　　潮水退去后，红树林里最惹眼的常住居民要数招潮蟹了，它们喜欢迅速地跑来跑去进洞出洞，营造出一派繁忙而又神出鬼没的景象。尤其是雄性招潮蟹，总是举着一只和身子差不多大的螯，时不时耀武扬威地挥动几下。如此招呼半天，潮水又涨上来了，因此它们就被称为招潮蟹。

　　低调的红树林居民则以弹涂鱼为代表，它们全身糊满了泥水静静地趴着，与滩涂完美地融为一体。弹涂鱼可以长时间在泥滩上活动，为了躲避敌害必须保持足够的警惕，它们索性将两颗大眼睛都长到了头顶，而且紧挨在一起以确保视线无死角。一旦发现危险靠近，弹涂鱼就会立即弹跳到远处，于是又有了跳跳鱼的昵称。

大弹涂鱼 *Boleophthalmus pectinirostris* 摄影 / 刘毅

☀ 游戏   >>> 动物趴趴走

人数	6~10 人 / 组，可多组。
地点	宽敞的空地，室内或室外均可。
目的	注意观察和总结动物的行走方式。
内容	各组分开，同时开展游戏，互不干涉。每组确定好一段大约 10 米的路程，并设立起点和终点。各组组员随机排列先后顺序，在游戏中顺序不能变动。游戏开始后，排在首位的组员先从起点出发，模仿一种动物的行走方式前进，抵达终点时要说出该动物的名称。此时同组的其他组员作为裁判，若大部分认为模仿得不到位，可要求该组员重新模仿一遍。然后下一位组员模仿另一种动物，当每位组员都轮流一次后，则按照之前的排序继续循环，游戏不中断。每位组员所模仿的动物都不得与本组之前出现过的动物重复。 　　老师可通过划定动物范围，如海洋动物或所有动物，以及明确各组成员循环次数，从而控制模仿的难易程度和游戏时间。

第十五章　灯塔在前方

夜幕低垂，周围的景物很快就模糊不见了，只剩下前方那座高塔的剪影，举着一盏照向远方的长明灯。没错，那正是标示地点的灯塔，更是迷航中的引领者。无论是谁在任何地方，只要见到灯塔都会良久地仰视着，任心底腾起满怀希望的向往。

这一路走来，寄居蟹也遇到过不少灯塔，如果地图没变计算没错的话，前方应该就是尽南之地了。一想到这些，寄居蟹愈发激动得头脑发热、手足无措，不停地绕着圈圈。空旷的沙滩上，除了形单影只的寄居蟹，以及他留下的歪歪扭扭的足迹，就再也找不到什么了。

这片沙滩实在是大，直到水天相接之处微微泛出了鱼肚白，寄居蟹总算走到了第一块礁石。环顾四周，万籁寂静，灯塔仍在遥远的前方散发着邀请，他决定下水去打听打听。

做了个深呼吸之后寄居蟹便钻进海里，在礁石表面那些大大小小的凹凸上迅速翻越而过。不巧的是，此地居民不多，这会儿又属于休息时间，难得路过几家住户，要么是大门紧闭，要么就鼾声四起。黎明破晓前，无论昼行动物还是夜行动物都在安心地大睡，想要问明情况还真得花点工夫。

大概是第四次换气了吧，寄居蟹终于看到一条鱼在前面的大岩洞门口缓缓游动着，迅速跑过去热情地打了个招呼。只见那条鱼摆了摆小小的黄色胸鳍，然后整个身子突然膨胀起来，瞬间就变成了一颗大球，把寄居蟹吓得脚下一滑连翻几个跟头。

彼此对视了好一会儿，待双方都搞清楚状况之后，那条鱼嘟着嘴巴埋怨道："真没礼貌！哪有趁别人睡觉鬼吼鬼叫的？"寄居蟹赶紧站立鞠躬，为自己的莽撞不停道歉："实在是对不起！星点鲀先生，请先消消气吧。都怪我太心急了，看你睁着大眼睛在游还以为是早起散步……"

"拜托！有哪只鱼是闭着眼睛睡觉的！"星点鲀踉跄地翻了个圈，显然有些难以控制自己的庞大身躯，于是一边慢慢恢复原状，一边打着哈欠继续嘟哝着，"难得一场好好的梦游，就这么被你吓没了！到

底什么事情嘛？"寄居蟹连忙凑到跟前说明缘由。

　　星点鲀已经从大气球变成了小气球，愣愣地想了一会儿。"完全没搞懂你讲的故事。不过，那座灯塔绝不是一般的引航灯！"故作神秘地漫游了一小圈后，星点鲀认真地说道，"东遇西，两海会，北望南，天地合。那是一片拥有超能力的海域。"接着，星点鲀甩甩尾巴，"我要去睡回笼觉了！"话音刚落就已经在岩洞深处消失不见了。

　　回到陆地上，寄居蟹遥望灯塔陷入沉思，反复琢磨着星点鲀所说的那句歌谣，

直到天色大亮，才迈出了继续前进的步伐。他明白了，如果尽南之地就在眼前，唯有亲身经历，才能了解那个地方的真实和神奇。

　　又过了数天，之前的迫不及待早已消失，越是接近目的地反而越是淡定从容，当寄居蟹终于站立在灯塔之下时，他的内心却极为平静。

📖 **阅读** >>> 广东徐闻珊瑚礁国家级自然保护区

无论是红树林还是草原，珊瑚礁还是高山，如果一个地方自由居住着多种多样的生物，尤其是珍稀物种，那么作为同是地球上的一员，人类应当尽可能地减少对这片区域的干扰。为了保留自然美景，拯救濒危物种，开展科研教育，维护生态平衡，世界各国纷纷设立了多种类型的自然保护区。在我国，绝大多数自然保护区由核心区、缓冲区、实验区三个部分构成。根据法律规定，核心区内禁止一切干扰，而自然保护区的界限范围以及规划管理也都必须严格依法执行。

徐闻珊瑚礁自然保护区，位于广东省雷州半岛西南部的徐闻县，地处中国大陆最南端，总面积 143.785 千米²，为我国大陆沿岸连片面积最大、保存最完整的珊瑚岸礁，也是中国最典型、最独特的珊瑚礁生态系统，其中珊瑚礁区面积为 108.67 千米²，而密集区约达 60 千米²。1999 年 8 月，徐闻县人民政府批准建立县级珊瑚礁自然保护区，2003 年 6 月，广东省人民政府批准升格为省级珊瑚礁自然保护区，2007 年 4 月，国务院批准升格为国家级自然保护区。

经过科学考察发现，在徐闻珊瑚礁国家级自然保护区内，截至 2011 年共记录到腔

徐闻珊瑚礁自然保护区位置图

图片来源 / 广东徐闻珊瑚礁国家级自然保护区管理局

肠动物门珊瑚虫纲 3 目 19 科 82 种。其中，石珊瑚目 11 科 54 种；软珊瑚目 7 科 27 种；海葵目 1 科 1 种。这里的石珊瑚为国家 II 级重点保护动物，同时也被列入《濒危野生动植物种国际贸易公约》（CITES）附录 II，受到了国内法律和国际条约的双重保护。

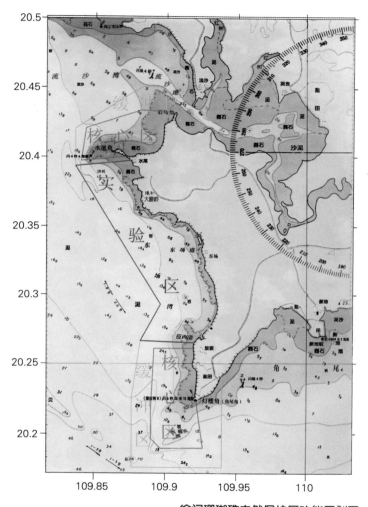

徐闻珊瑚礁自然保护区功能区划图

思考

1. 你见过灯塔吗？你觉得灯塔像什么呢？

2. 为什么鱼睡觉的时候不会闭着眼睛？还有哪些动物也是睁着眼睛睡觉的？

第十六章　尽南之地

　　海水覆盖之处，便是陆地的尽头，面朝大海之时，所有的蜿蜒置于身后。在这个美丽的星球上，每一片海洋都被陆地包围着，每一块大陆也被海水环绕着。其实，陆地并没有消失，当融入了海的能量之后，依然会在水下延续向前。站在这片大陆的最南端，寄居蟹感慨万千，任思绪随风飘散，畅想着天地间的博大和微妙。

　　漫步到水边，奇怪！浪花怎么了？寄居蟹赶紧清洗双眼想要看个真切，但脚边的浪花确实没有层层盖来，而是左右交叠成柱，垂直着涌向岸边。竟然会有十字形的波浪！寄居蟹惊讶极了，高举触角和大螯愣在原地，这下他才终于理解了"两海会，天地合"是怎样的意境。

　　原来，尽南之地不仅有着大海和大陆的融合，也是两块海洋的相会之处。每片海水都保留着自己惯有的方向，当两股力量遇到彼此，便在合水线处形成了独特的十字浪。多么神奇啊！大自然的安排总是充满着不可思议的精彩。

　　毫无征兆的，寄居蟹忽然被什么东西从地下猛地一顶，飞身滚了几滚，然后十脚朝天躺在沙滩上。从颠倒的视野中，寄居蟹看到一只圆溜溜的和尚蟹闪电般地出现在面前，正一边揉着脑门一边抬眼打量自己。一阵窘迫涌上心头，寄居蟹默默缩回了胡踢乱蹬的腿脚，笨拙地翻过身子。

　　"对不起，对不起！真不知道你恰好在上面。不过，小旋风的威力还是很迅猛吧！"和尚蟹快言快语地道了歉，一个弹跳旋转，接着高举双螯落地，摆出一副胜利的姿态，冲寄居蟹晃了晃小眼睛。寄居蟹还没反应过来是怎么回事，往后退了几步问道："什么小旋风？"

　　"咳！小旋风就是我，我就是鼎鼎大名的无影腿——沙滩小旋风啊！这位螃蟹大哥，看你气宇轩昂、外表不凡，还会乾坤直行步，想必也是江湖高手！"和尚蟹个头虽小，可是走路的速度比说话还快，绕着寄居蟹转了个圈后，恭敬地立在一旁。

"我是陆寄居蟹，跟螃蟹顶多算是远房亲戚吧，当然不会横着走路啦。"寄居蟹一脸认真地看着和尚蟹，说道，"你不是也能直接朝前走么。"

"当然！"和尚蟹立刻挺直身板竖起双眼，毫不谦虚地说，"小旋风肯定得特立独行嘛！甭管你是谁亲戚，咱们可都不是那种横行霸道的普通螃蟹。来吧，兄弟！要去哪儿，我陪你一程。"

寄居蟹凝视着远远的海面，回想起自己从住进新家到站在这儿的心路历程，还有房间里那些斗志昂扬的日记，沉默良久终于开口："我要去珊瑚礁。"而那只一刻也停不下来的和尚蟹早就吐了一堆小泥球在脚边，嘴里还嚼着一团，问道："你会潜水？"

"能潜个几分钟咯。"说罢，寄居蟹准备动身了。"这样哦。"和尚蟹略带失望地说，"那你往前直走下海便可，我也送不成了，咱们后会有期吧！"道别之后，和尚蟹在原地飞速旋转起来，瞬间就钻进沙滩无影无踪了。

📖 阅 读　　　　　>>> 尽南之地——中国大陆最南端

　　我国大陆的最南端，历史上曾被称为尽南，现在习惯叫做灯楼角。不管白天黑夜，也无论从陆地还是海面，都能远远地望见岸边那座高耸的建筑物——滘（jiào）尾角灯塔。这里的灯塔最早建于光绪二十年（1894 年），后因战争损毁和航海安全的需要而几度重建。直至 1994 年 3 月，在旧灯塔的北面建造了现如今的这座太阳能灯塔，同时也成为中国大陆最南端的地理标志。

　　沿着沙滩向南，当海水沾到脚边就到了大陆的终点。这儿有一条神奇的合水线，涨潮的时候海水激荡翻滚，会涌起一层层"十"字形的浪花。此地正是南海和北部湾的相会之处，两片海域的海水来自不同方向，每次同时涌向岸边，便形成了壮观而又奇特的十字浪。

　　两股海流的汇集，带来了大量的浮游生物和营养盐，吸引着许许多多的海洋生物在此繁衍生息。因此，这里有着中国大陆架上面积最大、保存最完好的一片珊瑚礁，已被划入广东徐闻珊瑚礁国家级自然保护区的核心区。

中国大陆最南端航拍图　图片来源／徐闻县旅游局

☀ 游戏   >>> 食物链大递进

人数	不分组，可多人。
地点	宽敞的空地，室内或室外均可。
目的	了解大自然中的捕食关系，认识食物链，及其与生态平衡的关系。

内容	先由老师介绍什么是食物链。在生态系统中，各类生物通过吃与被吃的捕食关系相互关联，并排列出一条递进的顺序，让能量一层层地持续传导。食物链通常由绿色植物开始，通过光合作用获取能量，接下来的每一层也都不可或缺。一旦出现断层将无法传送能量，不仅会影响后续所有生物的生存，还将使得之前的生物因缺少天敌而失去控制。因此，完整的食物链是保证生态平衡的关键所在。
	    游戏设立为某条食物链中的五个层次：海藻、小鱼、螃蟹、水鸟、老虎，每层以猜拳形式决定递进或下降。游戏开始时，所有人都是海藻，随机找身边人一对一猜拳一次，赢者递进为小鱼，输者仍是海藻。然后相同身份的人继续一对一猜拳一次，即小鱼和小鱼猜拳时，赢者递进为螃蟹，输者下降为海藻。以此类推，直至老虎和老虎一对一猜拳时，赢者为最终胜利者，而游戏结束时，食物链的每层都会有单独剩下的一位。
	    游戏过程当中，每一位参加者都必须做出与当时身份相应的动作，同时可以发出声音，但不得用人类的语言来进行交流，且只有找到相同身份者才能猜拳。例如，可以高举双手摇摆身体模仿水中飘摇的海藻。

夏天的风轻抚海面，寄居蟹蹚着水没走多久，便望见了远方的珊瑚礁群落，在清澈透亮的海底顺着波浪散发出五彩斑斓的光芒。对于寄居蟹来说，这段路不算长，可是水深就不容小觑了。不过，既然已经千辛万苦地找来这里，也是为了完成螺壳原主人的心愿，岂有不去一探究竟之理？

尽南之地的新鲜事还真不少，刚潜入水底寄居蟹就来到了一片怪石阵。每块石头都很大，但又像是缩微版的火山口，表面还密密麻麻地布满了白色小孔。最离奇的是，所有这类石头的大小和形状几乎一模一样。而且说是石头并不准确，靠近一看就知道，虽然也很结实，但那种质地跟海里的各种礁石都不一样。

疑惑不解的寄居蟹打算先回到陆地吸口气，刚一转身便看到附近有一小丛粉红色的珊瑚，恰好就是怪石居民。"你们好！"寄居蟹三步并作两步地赶到面前，主动打了个招呼。

"嗨！从来没见过你啊！"陀螺珊瑚热情地挥舞着触手，纷纷向寄居蟹表示欢迎。

"是呀，我基本都在陆地上活动。"寄居蟹很高兴能认识一群珊瑚朋友，他有许多问题想要弄个明白，"虽然我在途中见过的珊瑚礁很少，可是这里真的不太正常诶……你们为何要住在这样的怪石上？"

"哈哈哈，这是我们的小花园，一种新型住宅区。"陀螺珊瑚们都笑了起来，领头的珊瑚虫连忙介绍说，"前几年小花园刚出现时，大家也都不敢落脚，后来发现并没有什么异常，而且住在上面又舒适又安全，于是就陆续过来安家了。"

"可是，这和一般的珊瑚礁完全不同，要是传统被破坏了怎么办？"寄居蟹担忧地问道，他一直很想见见曾经传说中的尽南之地。

"放心，老城区还保留着历史模样呢！小花园在那儿几乎没有。"领头的珊瑚虫继续解释道，"但是在开拓疆土方面，小花园非常便利快捷，而且数量也很充足。像这里，虽然目前的入住率还不高，可我们就是发展边疆的先驱呀！嘿嘿。"

"这么说来确实很棒！"寄居蟹欣慰地点点头，但又不免有所顾虑，"不过，以后的新城区会不会显得很不协调？"

"怎么会呢？小花园只是一种平台，等大家都发展壮大了，足够

覆盖所有的基石，就能呈现出珊瑚礁应有的景象。"另一只珊瑚虫跟着补充道，"再说了，我们珊瑚礁的宗旨就是，无论长成什么样子，有多么怪异的打扮和行为，只要具备旺盛的生命力，能够守护自然平衡的法则，都会受到支持和尊重的……"

后面的话越来越听不清了，寄居蟹这才觉得全身难受无比，刚才聊得太过投入，竟然忘了返回陆地呼吸。极度缺氧的寄居蟹拼命舞动着手脚，却怎么也接触不到空气。余光中，他看到陀螺珊瑚们在紧张呼救，但又满是爱莫能助的神情。似乎过了很久很久，一个厚实的身影冲过来，急速上升将他托出了水面。

阅读　　　　　　　　>>> 徐闻珊瑚礁保育

　　珊瑚礁不仅是许多小动物的家园，对地球而言，整个珊瑚礁生态系统，更是极具价值的宝贵财富。然而珊瑚虫是那么微小，需要很长很长的时间才能筑起城堡。珊瑚虫又是那么敏感，需要不高不低的温度才能保持健康。当人类文明持续发展，越来越多的发现和研究都表明，人们的日常行为正在直接或间接地令珊瑚礁加速消亡。于是，人们开始采取各种方式，用行动来挽留那些美丽而又富饶的珊瑚礁。

　　设立保护区，是对生态系统最有力的保护措施，在徐闻珊瑚礁国家级自然保护区内，法律法规就是最坚实的防护盾牌，例如，《中华人民共和国自然保护区条例》《中华人民共和国海洋自然保护区管理办法》《中华人民共和国渔业法》《中华人民共和国野生动物保护法》《中华人民共和国海洋环境保护法》。

制作人工生态礁　　图片来源 / 广东徐闻珊瑚礁国家级自然保护区管理局

投放人工生态礁　图片来源／广东徐闻珊瑚礁国家级自然保护区管理局

人工种植珊瑚　图片来源／广东徐闻珊瑚礁国家级自然保护区管理局

　　为了贯彻落实每一条法律法规，徐闻珊瑚礁国家级自然保护区还成立了专门的执法管理队伍，在保护区管理局下设中国海监徐闻珊瑚礁国家级自然保护区支队、广东省渔政总队徐闻珊瑚礁国家级自然保护区支队、徐闻县人民政府珊瑚礁保护与开发领导小组，以及由徐闻县各单位组成的联合执法小组。

　　除了定期开展海上巡航和陆地巡查执法行动，徐闻珊瑚礁国家级自然保护区积极与广东海洋大学、中国科学院南海海洋研究所等科研机构合作，在物种普查、珊瑚的人工繁殖和移植、人工生态珊瑚礁（garden）的设计和应用等方面，都取得了可喜的成就。此外，保护区还与社会机构及爱心志愿者携手，共同推进珊瑚礁的普法和保育宣传。

思考

　　1. 我们的主角——凹足陆寄居蟹，是一种生活在陆地上的寄居蟹。呼吸系统和其他种类的寄居蟹不同，它是利用鳃和腹部的皮肤直接从空气中吸取氧气，所以不能在水里待得太久。想想看，有哪些动物是生活在水里，或是经常在水里活动，却需要离开水面来呼吸空气呢？

　　2. 寄居蟹在海底遇到的小花园，正是保护区的叔叔阿姨们为珊瑚虫搭建的人工生态珊瑚礁（garden），你知道那些密密麻麻的小孔是做什么用的吗？

第十八章　生生不息

　　回到沙滩上，寄居蟹很快就恢复了呼吸，对守在一旁的中国鲎不胜感激。那一刻真的非常危险，多亏了她的及时相救，否则现在自己还不定在哪个世界呢。

　　"不客气的，只要你没事就好。"中国鲎微笑着安慰道，"别再冒失地下海了，健康活着比什么都重要。好了，我也要去为今年的孩子们找爸爸了。那就再见吧，记得照顾好自己。"匆匆告别，中国鲎返回了大海，她那铠甲般的半圆身形，带着强壮的尾剑很快就消失在水边，只将笔直有力的爬痕留在了沙滩上。

　　寄居蟹依然坐在原地，看着夕阳一点一点融入海洋，长期的独自旅行，让他学会了沉静思考。刚才的经历确实有些后怕，就因为自己的疏忽差点儿丢了性命，原来死亡会如此突然地降临。寄居蟹想起了房间里的日记，没有任何预兆地中断在某一天，或许正是遭遇了突如其来的意外，螺壳原主人根本就来不及留下一句话。

　　回忆起陀螺珊瑚对新生活的热情，还有日记里所展现的坚强和责任，以及沿途的所见所闻所想，寄居蟹的内心充满了感动。在这世

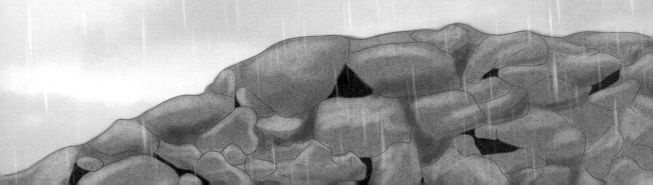

上，每一个生命都很短暂，每一次死亡都很迅速，但是所有的诞生都很隆重，所有的成长都很壮丽。时间的脚步从未停歇，却将带不走的希望传承为永恒，生生不息，珊瑚礁是永恒的，大海、陆地和天空都是永恒的。

虽然没有再次下海去了解那片珊瑚礁，但是尽南之地的神秘力量，所给予的生命启示和渊博智慧，已经足够寄居蟹受用一生了。

朝着灯塔挥挥手，寄居蟹做好了决定，下一站，拜访螺壳原主人的家乡。那是整个故事的起点也应该是终点，更是日记的主题——回归珊瑚礁。当年的马蹄螺为了家乡甘愿付出一切代价，在其有生之时，字里行间都流

露着对家乡的思念和热爱。这份真挚而又无私的情感，绝对值得深深地缅怀和景仰。

在一个乌云密布的午后，寄居蟹攀登了一块巨大的滨海崖壁，眼看时间还早，又钻进了山丘后面的一大片灌丛里。就在看不清天空望不见大海的时候，狂风扰乱了海水的气息，于是他彻底迷路了。

过了好一会儿，寄居蟹终于走出了灌木丛，但在绕过几棵树时，眼前忽然出现了一大片珊瑚礁。奇怪，珊瑚不是应该在海里嘛？凑近一看，才发现这些珊瑚都是没有生命的，尽管也见过一些被冲上岸的珊瑚遗骨，然而这么大量且密集地整齐堆放，还是让他有些难以接受。

此刻，倾盆大雨猛降，寄居蟹只得躲避在珊瑚骨的下方。这些珊瑚骨都拥有久远的历史，出于某种特定的缘由，它们在这儿站立了许多年。寄居蟹默默地祈祷着，生于海死于海，但愿现代的珊瑚都能在他们喜欢的海水里幸福地生活，即使离开世间，其骨骼也能留在原地，成为子孙后代最牢固的基石。

幸好在天黑之前雨停了，云开雾散夕阳西下，寄居蟹很快就判断出方向，又回到了既定的路线上。

 **阅读**　　　　　　　　　　　　　　　>>> 保护珊瑚礁等你来行动

　　能够见到海底的珊瑚还有珊瑚礁里的居民们，是一件美好的事情，能够和它们做邻居生活在同一片海岸，更是令人羡慕不已的幸福。呵护我们共同的美丽家园，不仅要有法律的维护和国家的管理，更需要全社会每一个人都献出爱心和力量，用行动带来改变。

　　1.维护海洋环境，不随意将垃圾和废弃物倾倒在海里或是岸边。

　　2.不采集、不伤害、更不应破坏珊瑚以及珊瑚礁里的各种海洋生物。

　　3.对于珊瑚礁生物，做到不购买、不食用、不饲养。

　　4.严格禁止在珊瑚礁区域内从事毒鱼、电鱼、炸鱼等掠夺海洋生物资源的违法行为。

　　5.无论旅游业还是渔业行为，都应遵守相关法律法规，主动配合保护区的管理工作。

　　6.支持并积极参与珊瑚礁保育的各项活动。

　　将保护珊瑚礁的行动规范告知亲人和朋友，与更多人一起维护海洋生态环境。

广东珊瑚礁普查公益活动　　图片来源/广东珊瑚礁普查

广东珊瑚礁普查公益活动　图片来源／广东珊瑚礁普查

☀ 游戏　　　　　　　　　　　　　　　　　>>> 携手保卫

人数	约15人／组，可多组。
地点	宽敞的空地，室内或室外均可。
目的	结合延展阅读的内容，强调每个人的参与和行动，携手保卫美丽的珊瑚礁。
内容	各组分开围圈站立，组内成员均伸出双手，手臂交叠，然后随机握住其他组员的手。要求不能握左右相邻两人的手，也不得双手握住同一个人的双手。待每组所有人都握紧后，由老师宣布开始，各组自行讨论如何将每个人的双臂都解开，整个过程当中任何人都不得松开之前已握好的双手。解开后，理论上各组都会形成手拉手的一个大圈，也会出现单独三人以上的小圈，以及面对或背对圈内的成员。最先解开的一组获胜。 　　参与游戏的各组人数越多难度就越大，解开所需的时间也越长，老师可根据学生总数和课程时间自行调整。

第十九章　天有不测风云

　　沿着海岸线一步步前行，寄居蟹一天天地长大，背上的螺壳也越来越紧，一开始还只是有些不舒服，到现在已经很妨碍行动了。不是没有想过放弃，也并非遇不到合适的房子，而是在寄居蟹的心里，不断地明确告诉自己，此趟行程的终极目的——把螺壳带回它的家乡，无论多么艰难都要走到最后。

　　日夜兼程风雨无阻，寄居蟹一直行色匆匆，因为他非常清楚时间的紧迫性，前路遥遥无期，任何拖延都会带来不小的麻烦。然而，台风季的天气总是说变就变，正当寄居蟹在礁石上闷头赶路时，一阵巨浪袭来，猛地将他掀翻然后举到高空，又重重地砸向了地面。

　　不知道昏睡了多久，寄居蟹终于醒了，台风已经过境，阳光明晃晃地刺眼。准备爬起来的时候寄居蟹才发觉，外壳被紧紧地卡在了石缝中。朝着各个方向用力地来回摆动，貌似是个不错的办法，折腾一阵子之后外壳终于有了一丝丝的松动，寄居蟹似乎很快就能脱身了。可是就在这个当口，一对灰白的翅膀突然从天而降，寄居蟹的脑门上被狠狠地啄了一下。

啊！是燕鸥！顾不上疼痛的寄居蟹立刻收拢腿脚，拼命地将全身都缩进壳里，然后用那只强健的大螯堵住了入口。这么一来，任凭燕鸥那利刃般的长喙如何敲击，都难以对寄居蟹造成过重的伤害。不一会儿，失去耐心的燕鸥离开了，而想要舒展筋骨的寄居蟹再一次发觉，自己庞大的身体又卡在壳里难以动弹，尝试了各种方法都无济于事。

一筹莫展的寄居蟹望向天空，料想着自己就算不被太阳晒死，也会被潮水淹死吧。这倒是一种缓慢降临的死亡，他完全来得及想很多事说很多话，可是仍然无法留下任何讯息。真的不甘心就这样待在石缝里过完此生，他还有许多梦想没完成呢。虽说很可能成为这个世界上第一只卡死在自己家里的陆寄居蟹，但他并没有半点后悔，在回归珊瑚礁之前，他早已誓与螺壳共存亡了。然而让他不太明白的是，曾经在红树林和珊瑚礁，再大的台风也能安稳地照常生活，为何偏偏这次出现了躲不过的巨浪？

涨潮了，寄居蟹默默闭上眼睛，接受着命运的安排。当海水浸透了全身，他隐隐约约地觉察到，身体正被什么东西往上托举着，生的渴望顿时充满了每一个细胞，向上的感觉也更加强烈了。那是潮汐的力量，来自宇宙中遥远的另一个星球，还有海水的柔软与配合。寄居蟹很快就掌握了规律，顺应着潮汐的节奏，竭尽全力地摇晃身体，终于带着螺壳挣脱了那个绝望的石缝。

一个晴朗的下午，不知是天空映蓝了大海，还是海水染蓝了上天。将墙壁上的地图再次细细研究了一番之后，寄居蟹吃力地探出脑袋，脸上挂着好久不见的笑容。没错，就是这儿，他成功抵达终点了。事不宜迟，寄居蟹一口气冲进了海里，他想要尽早实现螺壳原主人回归家乡的遗愿。

📖 阅读   >>> 珊瑚礁的居民（三）

    中国鲎（zhōng guó hòu），地球上最古老的物种之一。这个家族摆动着水瓢一样的身子，在大海里自在遨游了 4 亿年。每到 7—8 月的繁殖季，中国鲎会成双成对爬到沙滩上产卵，然后返回深海区，但接下来的生活一直鲜为人知。然而到了现代，人类的大肆捕捉，栖息地的破坏及丧失，导致过去的二十年里，成鲎的数量锐减 90% 以上。还来不及好好认识的中国鲎，已经面临着从地球上消失的厄运。

中国鲎 *Tachypleus tridentatus*   摄影 / 刘毅

砗磲贝 *Tridacna* sp.　摄影／廖宝林

　　砗磲贝（chē qú bèi），海洋中最大的贝壳，内壳光洁如玉，常常翻出的外套膜却绚丽多彩。尤其特别的是，砗磲贝的外套膜内生长着大量的虫黄藻，它们也是互惠互利的共生关系。岂料美丽带来的却是厄运，人类为了观赏食用，对砗磲贝长期进行灭绝式采挖，已经导致其踪迹难寻了。而且，砗磲贝通常会用足丝附着在珊瑚礁内生活，采挖时必然要大面积地破坏珊瑚礁。根据相关规定，我国分布的所有砗磲贝种类均已列入《濒危野生动植物种国际贸易公约》（CITES）附录 II 物种、《世界自然保护联盟》（IUCN）2013年濒危物种红色名录，其中巨砗磲为我国 I 级保护动物。

　　苏眉，世界上体型最大、寿命最长的珊瑚礁鱼类。小小的眼睛后方有两道类似眉毛的条纹，以此得名苏眉，而每只鱼的脸部都带有独一无二的花纹，于是也被称为波纹唇鱼。苏眉的种群密度原本就低，无法作为经济鱼类，但由于味道鲜美、售价高昂而被

苏眉 *Cheilinus undulatus*　摄影 / 张帆

大量捕捞，近乎灭绝。2004 年，苏眉被列为《世界自然保护联盟红皮书》的濒危物种、《濒危野生动植物种国际贸易公约》（CITES）附录 II 物种。

思考

　　1. 关于珊瑚礁的居民，我们一共介绍了七位珍稀的受保护物种。除此之外，你知道还有哪些需要保护的濒危野生动物吗？

　　2. 潮汐是一种海水周期性涨落的自然现象，发生在白天的称为潮，夜间的则称为汐。潮汐蕴含着巨大的能量，世界上许多国家都建立了潮汐发电站。那么，是哪两个星球让地球产生了潮汐呢？

　　这片珊瑚礁可真美呀！那种琳琅满目而又静谧祥和的氛围，任谁都不忍心过度打搅。寄居蟹从未来过这里，却有一种似曾相识的熟悉感，或许是对应了日记里的描述，又或许是刻印在螺壳中的记忆。不过寄居蟹丝毫不敢流连于美景，潜水的时间刚够交还螺壳再返回岸边，他可不想再经受一次缺氧的痛苦。

　　很快的，寄居蟹径直找到了最大的那座角孔珊瑚，向珊瑚虫族长问好后便迅速表达来意。顿时，珊瑚虫们一传十十传百，整片珊瑚礁都沸腾了。所有珊瑚都伸长了触手，其他动物全部钻出了洞穴，聚集在角孔珊瑚的周围，大家不停大喊"马蹄螺回来了，英雄归来了！"寄居蟹的声音彻底被淹没，指手画脚了老半天，才让族长明白他的意思，请大家都安静下来。

　　寄居蟹褪下了螺壳，虽然是在大庭广众之下，而且要用力扭着身子硬扯出来的确有些尴尬，但是总算顺利实现心愿啦！珊瑚虫族长立刻请出两条黄灿灿的美蝴蝶鱼，将马蹄螺的壳带到最高的一块岩石上，精心供奉起来，那里正是当年马蹄螺出发的位置，可以看到家乡的全景。

　　珊瑚礁的居民们再一次高声欢呼，向寄居蟹的英勇行为表示感激和崇拜。寄居蟹反倒有些不自在了，觉得自己并没有做什么，羞愧得一直缩着身子往后躲。珊瑚虫族长爽朗地大笑起来，说道："几十年来，这里一直流传着马蹄螺的故事，先辈们所经历的一切大家都会铭记于心。但是今天，寄居蟹将螺壳送回来了，这就是对我们以及后世子孙最好的勉励。"

　　每一位珊瑚礁居民都昂首静立，认真聆听着族长的这番话，"这世上无能为力的事情太多了，当年马蹄螺客死异乡，创举并未完成，但是他的强大勇气和坚韧毅力，让每一代居民都充满决心和希望地守护着家乡，让这片珊瑚礁拥有了现在的繁荣和幸福。寄居蟹和马蹄螺都是为了珊瑚礁而历尽艰辛，无私奉献坚持到底，这就是英雄的精神！他们都是英雄！"

　　雷鸣般的掌声经久不息，寄居蟹感动得热泪盈眶，原来自己不知不觉地跟随着英雄的精神，完成了跨越时间和空间的壮举。整片珊瑚礁都在欢庆着这个伟大的历史时刻，大家盛情邀请寄居蟹一起唱歌跳舞，而此刻的他已经又憋不住气了，迫切想要回到陆地，却又苦于被拽着无法拒绝。

　　细心的珊瑚虫族长发现寄居蟹的窘迫后，连忙请来了一条单角鲀，别看其身体扁平嘴尖角长，却是精干有力的游泳健将。单角鲀二话不说，直接将寄居蟹迅速顶到水上，等他换气够了之后再带回海底。这的确是个好法子，于是在那场持续整晚的派对中，单角鲀的任务就是，每隔几分钟将寄居蟹顶出海水换气一次。

　　螺壳里是一个小家，外面则是大家，有了大家才有家园。寄居蟹在珊瑚礁附近的岸边暂时住了下来，时常会下海和大家一起玩耍。他打算在找到合适的新家之后，就要返回自己的美丽家乡红树林了。

珊瑚礁生态系统　　摄影／李然

 阅读　　　　　　　　　　>>> 我的美丽家乡

　　随着时间的流转，文明的发展，人类对待珊瑚礁、对待海洋乃至整个地球的态度，已从掠夺破坏逐渐转变为了保护珍爱。于是，马蹄螺努力付出一切，只求家乡永远美丽平安的梦想终于得以实现，珊瑚礁的居民们将世代安享着家乡的幸福生活。

对于寄居蟹来说，尽心尽力地完成了马蹄螺渴望回家的心愿，与此同时，自己也看过了世界，磨练了意志，收获了感动。今后的某一天，寄居蟹终会回到家乡的那片红树林，而在此之前，它将深入体验珊瑚礁里点点滴滴的美好时光。

大自然很慷慨，为每个生物都保留了一处安身立命的居所，无论在壮阔的大海草原，还是静谧的湖泊高山，均承载着精彩的生活和永恒的记忆。当人类带着强大的智慧及力量，走遍地球的每个角落时，切莫辜负了大自然的好意。请善待地球资源，用可持续发展的方式，为自己也为万物，呵护出一个足以让我们充满自豪的美丽家乡。

☀ 游戏　　　　　　　　　　>>> 大家园

人数	约 10 人／组，可多组，每组人数相等。
地点	宽敞的空地，室内或室外均可。
目的	理解生态系统中的物种多样性，在特定的环境内每一种生物都有自己的位置，并且彼此之间有着非常紧密的联系和配合。
内容	先由老师简单介绍物种多样性，即某一环境范围内就像是一个大家园，里面居住的动物、植物、微生物越丰富，生活就会越多姿多彩，物种们相互间的关系越密切，大家园就会越繁荣兴旺。 老师准备好若干张报纸，每组一张，各组保持一定的距离，将报纸平铺在空地上。游戏开始，组员们必须立于本组的报纸上，且任何组员的身体各部分都不能直接接触地面。组员可悬空，但不得借助任何道具，在报纸上的人数最多的一组获胜。然后进行第二轮，将报纸对折，要求和评选标准与前一致。同理，可继续将报纸多次对折。 游戏的时间和难易程度由老师自行调整，如分组时的各组人数、报纸的对折次数等。

推荐 *活动*

📹 观 影

片名	《Coral Sea Dreaming: Awaken》 中译名《梦幻珊瑚海：唤醒》
导演	David Hannan
类型	纪录片，中文字幕
时间	2010 年
地点	大堡礁
时长	约 90 分钟
建议	可分两节课放映

📷 参 观

形式	校方批准的集体外出活动。
准备	事先与参观地的主管部门进行沟通。
地点	根据需求可选一处或多处。例如，徐闻珊瑚礁保护区、珊瑚标本馆、滘尾角灯塔、珊瑚石屋古村落等。
建议	做好安全防护措施。若受限无法集体外出活动，可布置学生自行观察身边的珊瑚，了解自己的生活与珊瑚礁的关系等，并在课堂上与大家分享。

徐闻珊瑚礁自然保护区科研办公大楼远景图

徐闻珊瑚礁自然保护区标本展厅　　图片来源／广东徐闻珊瑚礁国家级自然保护区管理局

 **表 演**

形式	分组开展的情景剧表演。各组自行设计发生在珊瑚礁里的一个小故事，或选取《回归珊瑚礁》中的某一场景并展开情节，然后进行分工确立角色。
准备	组内讨论。编写剧本，利用纸板等材料绘制角色标识、道具和布景等。
时长	可根据学生的年龄及课程时间，由老师确定组别及每组人数，安排好情景剧的长度。
建议	表演情景剧，可以从创意、写作、绘画、手工、表达等多层次对学生进行综合培养，不仅强调知识和学习，也锻炼了学生的分工及合作能力。建议老师从以上多个方面给予指导和协助，还可邀请家长共同参与。

行 动

形式	保护珊瑚礁的公益宣传活动。
准备	以珊瑚礁的生态知识和保育为主题，征集相关的原创作文、绘画、图片。补充必要的说明及资料后，统一制成系列展板，面向社会展示并作出倡导。
地点	校园、城市公园或广场、生活小区或村落，以及网络、报刊等平台。
建议	老师及校方可与主管部门、周边学校、保护区管理局、社会机构、媒体商家等多方进行合作，从而整合资源扩大影响力。另外，可事先培训部分学生为珊瑚讲解员，在面向公众展出时进行引导和配套解说。

美图欣赏

海百合　摄影/廖宝林

水母　摄影/廖宝林

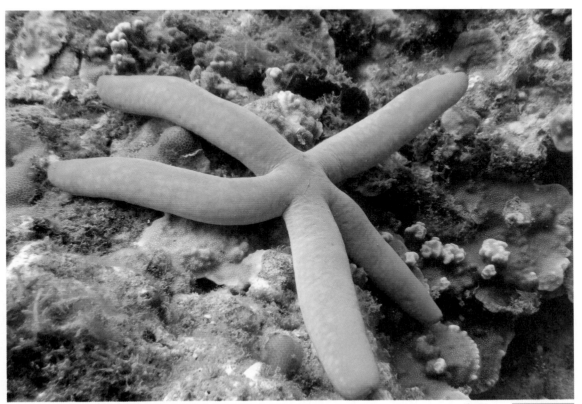

海星　摄影/廖宝林

海葵　图片来源/广东徐闻珊瑚礁国家级自然保护区管理局

海绵　摄影/张玉香

海葵与短腕岩虾　摄影/张玉香

海胆　摄影/王炳

长棘海星（珊瑚天敌） 摄影／廖宝林

海蛞蝓 摄影／Tango Chan

参考文献

傅秀梅，邵长伦，王长云，等，2009. 中国珊瑚礁资源状况及其药用研究调查. II. 资源衰退状况、保护与管理 [J]. 中国海洋大学学报，39（4）：685-690.

黄晖，张浴阳，练健生，等，2011. 徐闻西岸造礁石珊瑚的组成及空间分布 [J]. 生物多样性，19（5）：505-510.

廖宝林，刘丽，刘楚吾，2011. 徐闻珊瑚礁的研究现状与前景展望 [J]. 广东海洋大学学报，31（4）：91-96.

刘毅，胡菲，2009. 飞吧，小黑皮 [M]. 北京：中国文化出版社.

帕姆·沃克，伊莱恩·伍德，2011. 美丽的珊瑚礁 [M]. 张凡姗，译. 上海：上海科学技术文献出版社.

王丽荣，陈锐球，赵焕庭，2008. 徐闻珊瑚礁自然保护区礁栖生物初步研究 [J]. 海洋科学，32（2）：56-62.

王丽荣，赵焕庭，宋朝景，2006. 人类活动对徐闻灯楼角珊瑚礁生态系统的影响 [J]. 海洋环保，1：81-85.

杨国欢，侯秀琼，陈春亮，等，2008. 徐闻珊瑚礁保护区鱼类种类组成初步研究 [J]. 水产科学，27（10）：533-538.

赵焕庭，王丽荣，宋朝景，2006. 徐闻县西部珊瑚礁的分布与保护 [J]. 热带地理，26（3）：202-206.